高等职业教育面向"十三五"数字媒体系列规划教材

刘宏烽 / 编 著

数码摄影
与后期处理教程

清华大学出版社
北京

内 容 简 介

本书包括摄影与后期处理两大部分内容,全书由浅入深、循序渐进地安排知识点,特别注重教学的实操性与趣味性。本书共分为6章,第1章介绍了摄影的相关设备,以及摄影的基础理论知识,带领初学者入门。第2章介绍了控制单反照相机的相关技巧和原理,让学习者熟练掌握单反照相机的操作。第3章介绍了摄影创作与提高的相关知识和技能,主要包括构图与用光。第4章介绍了摄影棚的常用设备和使用方法,以及在摄影棚拍摄人像与商品的布光方法和技巧。第5章介绍了人像摄影、风光摄影、电商摄影、人文摄影四大类摄影的原理和方法。第6章介绍了摄影后期处理常用的方法和技巧,重点介绍了人像皮肤处理和美白、风光的调色技巧、商品图片的精修方法和技巧。

本书内容有趣且十分实用,适合作为本科和高职院校摄影教学的基础教材,也适合摄影初学者和摄影爱好者学习。

图书在版编目(CIP)数据

数码摄影与后期处理教程/刘宏烽编著. —北京:清华大学出版社,2020.1(2021.2重印)
高等职业教育面向"十三五"数字媒体系列规划教材
ISBN 978-7-302-53575-1

Ⅰ. ①数… Ⅱ. ①刘… Ⅲ. ①数字照相机-摄影技术-高等职业教育-教材 ②图象处理软件-高等职业教育-教材 Ⅳ. ①TB86 ②J41 ③TP391.413

中国版本图书馆 CIP 数据核字(2019)第 181903 号

责任编辑:张龙卿
封面设计:范春燕
责任校对:袁 芳
责任印制:刘海龙

出版发行:清华大学出版社
          网   址:http://www.tup.com.cn,http://www.wqbook.com
          地   址:北京清华大学学研大厦 A 座   邮   编:100084
          社 总 机:010-62770175   邮   购:010-62786544
          投稿与读者服务:010-62776969,c-service@tup.tsinghua.edu.cn
          质量反馈:010-62772015,zhiliang@tup.tsinghua.edu.cn
          课件下载:http://www.tup.com.cn,010-83470410
印 装 者:三河市铭诚印务有限公司
经   销:全国新华书店
开   本:185mm×260mm   印   张:13   字   数:312 千字
版   次:2020 年 1 月第 1 版   印   次:2021 年 2 月第 2 次印刷
定   价:69.00 元

产品编号:082033-02

前　言

随着时代的发展,摄影器材越来越大众化和普及化,学习摄影的人越来越多。特别是近些年来,随着电子商务的迅猛发展,图片成为展示商品的重要载体,学习摄影的人群更加庞大,学习摄影的需求空前旺盛。

在这些学习者中,大多数人是在数字媒体时代成长的,有着"重实践、轻理论"的个性特征。与以前相比,学情发生了很大的变化,摄影教学也必须与时俱进、应时而变,做出必要的改革。特别是在教学内容的编排上,要更加注重趣味性和实践性,要充分尊重初学者的学习心理,遵循学习的规律。

本书编著者从事摄影工作多年,积累了较为丰富的实践经验和教学经验,非常熟悉初学者的学习心理和个性,在长期的教学中,探索出了适合初学者的教学内容和教学方法。

在趣味性方面,本书配备了丰富的、趣味性强的实操案例,比如小景深摄影、光绘摄影、追拍摄影、爆炸效果摄影等,让学习者体验到摄影的乐趣,在"玩摄影"的过程中提高摄影的技艺。

在实践性方面,本书安排了多个大型的实操项目,比如电商商品摄影与制作、商品海报拍摄与制作、人文摄影等。在这些大型的实操项目的实践中,从前期策划到拍摄,再到后期制作,学生可以体验创作的全过程,在实践中学到摄影的知识和技能,真正做到"做中学,做中教"。

此外,本书把复杂的理论知识点进行简化,注重实践操作能力的培养,注重培养学生解决问题的能力。以学生为中心,以教学成果为导向,让学生在完成项目的过程中创作出更多的摄影作品,收获更多的学习成果,从而提升了学生的创作自信心。

本书大部分图片来自编著者的创作,但是由于创作的局限性,为了配合教材内容的编排,有少部分图片来自网络,有些作品难以找到出处,在此对这些作者一并致谢。本书是编著者多年摄影教学和摄影实践的总结与分享。

本书由广州城建职业学院刘宏烽编著。由于编著者水平有限,书中难免存在不当和疏漏之处,敬请读者批评、指正。

编著者
2019 年 8 月

目　　录

第1章 摄影入门

本章学习目标

- 了解单反照相机的基本知识；
- 认知单反照相机的机身、镜头及配件；
- 掌握单反照相机的选购技巧；
- 掌握单反照相机的自动档操作。

作为摄影初学者，了解单反照相机的工作过程与成像原理，以及照相机机身与镜头的相关知识，从而对摄影有一个基本的认识，并能够运用单反照相机进行初步的摄影创作，这是踏入摄影大门的第一步。

1.1 摄影导论

1.1.1 单反照相机名称的来历

学习摄影，必须要了解摄影创作的工具。数码单反照相机作为摄影创作中最重要的工具，是摄影学习者首先要了解的设备。数码单反照相机如图1-1所示。这种照相机常常被称为"单反"，为什么要用"单反"这个词命名呢？其名称的来历是什么呢？

图1-1 单反照相机（佳能 5D4）

"单反"是一种简称，全称是"单镜头反光照相机"。在这种照相机中，采用了单镜头的结构进行设计，同时在照相机内部增加了一个关键部件——反光镜。由此可以看出："单镜头"与"反光镜"体现了这种照相机的最大特性，因此，这种照相机就用"单镜头"与"反光"这两个词命名。

但是，要解读单反照相机的名称来历，了解其名称的真实由来，还要从照相机发展历程中的另外一种照相机讲起，那就是双镜头照相机，双镜头照相机如图1-2所示。

双镜头照相机有两套光学系统，一套用来取景构图，另外一套用来成像曝光，如图1-3所示。因为两套光学系统对应不同的镜头，两个镜头不在同一个位置，因此这种照相机在拍摄的过程中会产生相差，如图1-4所示。

所谓相差，即所见非所得，底片的成像与在取景器中看到的不一样，在取景器中看到的构图很完美，但是拍出来之后的构图却与取景器中看到的有差异。为了避免出现相差，每次拍摄时镜头都要往上抬一点，给摄影师带来不便。

图 1-2　双镜头照相机（海鸥牌）

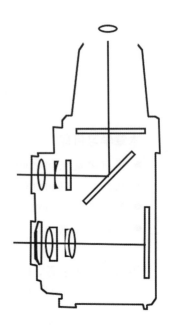

图 1-3　双镜头照相机光学系统

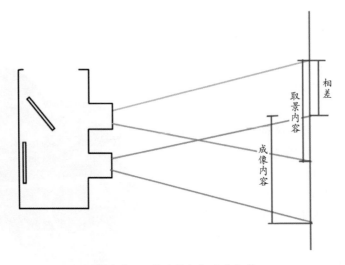

图 1-4　双镜头照相机产生相差

相差是由双镜头产生的，要解决相差问题，让照相机更方便摄影师的创作，就需要把两套光学系统变成一套光学系统，即从双镜头变成了单镜头，把取景和成像统一在同一个镜头中。

然而，从双镜头变成单镜头的过程中又产生了新的问题，取消取景器对应的镜头之后，在取景器中则无法看到镜头前面的景物，该如何解决这个问题呢？

要解决这个问题，就需要另外一个关键部件——反光镜，在感光元件的前面安装反光镜，进入镜头的光线经过反光镜的反射到达五棱镜；再经过五棱镜的反射，最终到达取景器，这样就可以在取景器中看到镜头前的景物，这也是光线在单反照相机中传播的过程。单镜头反光照相机的光学系统如图 1-5 所示。

<<<<<<<<<<

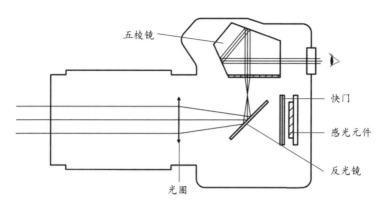

图 1-5　取景过程中光线传播的路径

由此可见,从双镜头照相机变成单镜头照相机的过程中,"单镜头"与"反光镜"的设计起到了关键性的作用,因此叫作"单镜头反光照相机",简称为"单反",这就是单反照相机名称的由来。

在胶片时代,最初的单镜头反光照相机比较流行的是 120 单镜头反光照相机,如图 1-6 所示。进入数码时代,发展成了现在的数码单镜头反光照相机,如图 1-7 所示。

图 1-6　120 单镜头反光照相机

图 1-7　数码单镜头反光照相机

1.1.2　单反照相机的工作过程

单反照相机的工作过程就是单反照相机实现曝光的过程。在图 1-5 中可以看到取景阶段的光线传播的过程。光线进入镜头之后经过光圈到达反光镜,经过反光镜的反射到达五棱镜,最后到达取景器。从这个过程可以看出,所有光线都到达了取景器,并没有光线到达感光元件,无法完成曝光。那光线如何才能到达感光元件,最终完成曝光呢?

要让光线到达底片,要完成曝光,关键在于反光镜。在单反照相机中,反光镜是活动的,当按下快门按钮时,反光镜会弹起,弹起之后,光线就经过快门到达感光元件,完成曝光,如图 1-8 所示。

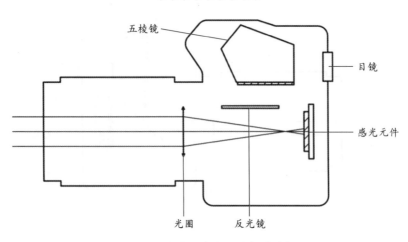

图 1-8　曝光过程中光线传播的路径

　　因为在照相机曝光的一瞬间，没有光线到达取景器，眼睛无法看到镜头前面的景物，取景器出现"闪黑"现象。

　　在照相机的工作过程中，当照相机处在取景构图阶段时，进入镜头的光线经过反光板与五棱镜的反射，最终到达取景器；当照相机处在曝光成像阶段时，反光镜弹起，进入镜头的光线穿过快门，最终到达感光元件，完成一张照片的曝光。

1.1.3　单反照相机的成像原理

　　单反照相机是通过凸透镜成像的原理设计的，光线经过镜头中的镜片组形成折射，在底片上形成倒立的实像，如图 1-9 所示。凸透镜成像的原理如图 1-10 所示。

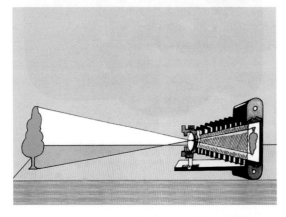

图 1-9　单反照相机成像原理示意图

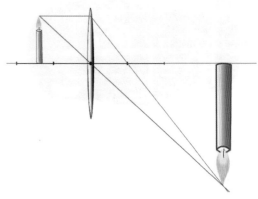

图 1-10　凸透镜成像原理示意图

　　但是，最早期的照相机的成像原理并不是通过凸透镜成像的，而是利用小孔成像原理。即在一个暗箱中开一个小孔，光线直射时经过小孔，形成倒立的实像，如图 1-11 所示。

　　1839 年法国画家达盖尔发明的世界第一台照相机，其成像原理就是小孔成像，如图 1-12 所示。

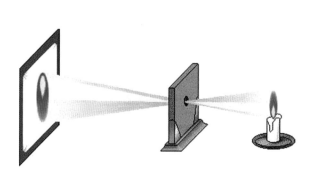

图 1-11　小孔成像原理示意图

图 1-12　达盖尔和他发明的照相机

1.1.4　单反照相机的高级应用

1. 目镜遮光挡片

在照相机的工程过程中可以看出：在取景阶段，光线是从镜头进去最终到达取景器的。

是否有光线逆向传播，从取景器进去，从镜头出来？通过反向观察照相机，可以得到答案。如图 1-13 所示，镜头中间白色的圆点就是逆向传播的光线形成的。

那这种光线是否会对创作产生影响呢？这种光线进入到照相机的机身，会对照相机的测光功能产生影响，特别是在没有注视取景器的时候，比如自拍、B 门曝光、使用快门线曝光的时候，进入机身的光线会更多。因此，在 B 门曝光或者使用自拍功能时，要借助照相机背带上的目镜遮光挡片这个工具解决这个问题，如图 1-14 所示。使用目镜遮光挡片，可以避免杂散光线进入取景器，提高照相机测光的精确性，从而提高成像质量。

图 1-13　反向观察照相机

目镜遮光挡片

图 1-14　目镜遮光挡片

目镜遮光挡片的使用方法有两个步骤：第一步，把目镜中的眼罩向上推并取下眼罩，如图 1-15 所示。第二步，顺着取景器目镜凹槽向下滑动目镜遮光挡片，如图 1-16 所示。

安装目镜遮光挡片之后，取景器就被挡住了，无法取景构图和对焦，因此在安装前，要先进行取景构图和对焦，然后才能安装目镜遮光挡片。当然也可以先安装好目镜遮光挡片，利用屏幕实时显示功能进行取景构图和对焦。

图 1-15　取下目镜眼罩

图 1-16　安装目镜遮光挡片

　　显然这种操作比较麻烦,影响拍摄的效率,因此在大多数情况之下,都不使用这种功能,因为从目镜进去的光线并不多,一般情况下影响不大,只有在比较特殊的摄影创作中才会使用这种功能。

　　当然,目镜遮光挡片的功能常常被误解,认为从取景器进去的光线会到达感光元件,从而影响曝光,才因此设置了这个功能。实际上并非如此,从取景器进入的光线并不能达到感光元件。我们从照相机的工作过程中也了解到:照相机在曝光的时候反光镜会弹起,从而挡住了从目镜进来的光线。而且照相机在曝光的过程中,反光镜完全弹起之后快门才会打开,同时只有在快门关闭之后反光镜才会弹回。因此,并没有光线从目镜进去并到达底片而影响曝光。

2. 反光镜预升

　　照相机在曝光的过程中,反光镜会弹起,那么这个过程是否会引起照相机的抖动呢?在反光镜弹起的过程中必然有力的作用,那么就会对照相机产生反作用力,反作用力会引起照相机的抖动,照相机的抖动会影响照片的清晰度,从而影响照片的成像质量。

　　为了解决这个问题,大部分照相机都提供了"反光镜预升"的功能。反光镜预升就是在底片曝光之前,先把反光镜预先升起来,这样在曝光的过程中就不会引起照相机的抖动了。

　　反光镜预升的操作方法是:在菜单中开启"反光镜预升"功能,该功能开启之后,拍摄照片时就要按 2 次快门按钮,第一次按下快门按钮是反光镜弹起,第二次按下快门按钮才是真正的曝光。

　　当然,这种抖动是很微小的。在普通的摄影创作中一般会忽略这个问题,只有在精细、高端的摄影中才会去关注这个问题。比如在大幅广告的拍摄过程中,随着照片的放大,照片中很小的瑕疵也会随之变大而显现出来。

1.2　单反照相机及其配件

1.2.1　单反照相机的机身

　　单反照相机主要由两部分组成,一是机身,二是镜头,如图 1-17 所示。机身和镜头是独立的两部分,镜头可以拆卸、更换,这也是单反照相机的一个优势,更换镜头可以实现更多的创作意图,而手机和卡片机不能实现这个功能,在一定程度上限制了摄影创作。

图 1-17 单反照相机的镜头与机身

1. 确认机身重要还是镜头重要

初学摄影的人常常提出这样一个问题,镜头与机身哪个更重要?

这个问题并没有真正的标准答案,但是在摄影界普遍认为:镜头要比机身更重要一点。因为镜头可以给摄影创作带来更多的可能性和创意性,在摄影创作中,很多的效果都是重点依靠镜头来实现的。比如拍摄很辽阔的草原,那么就必须要有短焦镜头,利用短焦镜头的宽视角表现草原的辽阔;如果拍摄小景深的人像,就要运用带大光圈的长焦镜头,大光圈与长焦可以缩小景深;如果要创作微距摄影作品,就要用到微距镜头,等等,这些都体现了镜头在创作中的价值与重要性。

当然,机身也很重要。快门、感光度的参数与摄影创作有很紧密的关系,不同档次的照相机在高感光度的表现差异很大,快门参数范围也有所不同,这些对创作都有影响。此外,照相机的图像感应器的尺寸对画面的效果影响也非常大,全幅机与半幅机的成像效果差异比较大。因此,机身对创作也是很重要的。

一般情况下,很多的摄影者往往在镜头上的投入要比在机身上的投入要大一些,镜头的数量也比机身的数量要多一些。因此,在摄影中有一句行话是这么说的:"玩摄影就是玩镜头。"这句话在一定程度上体现了镜头的重要性。

由此可见,机身与镜头对创作都有很大的影响,只是影响的程度不一样,镜头对创作的影响略显重要一点。

2. 不同档次的机身的差异

不同档次的机身存在很大的差异,最主要的差异有以下两方面。

(1)价格差异。不同档次的照相机之间最大的差异是价格差异,高端的照相机价格达到几十万元,甚至有些收藏类照相机拍卖价格达到了几百万元,而便宜的单反照相机只需要 1000 多元一台。

目前市面上价格比较贵的是哈苏与徕卡两个品牌。市面上在售的照相机中最贵的是哈苏中画幅数码单反照相机 H6D-400c,像素达到 4 亿,销售价格约 38 万元,如图 1-18 所示。最便宜的数码单反照相机是佳能 1300D,配上 18 ~ 55mm 的镜头,套机价格 2000 多元,如图 1-19 所示。

图 1-18　哈苏 H6D-400c　　　　　　　　　　　图 1-19　佳能 1300D

　　抛开高端顶级的照相机,在市面上常用的照相机中,根据价格的比较,主要分为以下几个级别。

　　① 顶级全幅机——价格在 30000 元左右,如佳能 1DX 和尼康 D5。

　　② 发烧级全幅机——价格在 15000 元左右,如佳能 5D 和尼康 D4、D810。

　　③ 入门级全幅机——价格在 10000 元以内,如佳能 6D 和尼康 D610。

　　④ 中档单反（半幅机）——价格在 6000 ～ 10000 元,如佳能 80D、7D 和尼康 D7200。

　　⑤ 入门级单反（半幅机）——价格在 2000 ～ 5000 元,如佳能 800D 和尼康 5300D。

　　(2) 图像感应器尺寸的差异。在常用的照相机中,不同档次的照相机之间最主要的差异在于图像感应器的尺寸,全幅机价格较为昂贵,其图像感应器的尺寸为 35.9mm× 24mm;而 APS 画幅（俗称半幅机）的图像感应器尺寸为 22.3 像素×14.9 像素,比全幅机要小。图像感应器的尺寸不仅影响图片的像素,还影响图片的成像效果和成像质量。

　　图像感应器是照相机中最重要的部件,是代替原来胶片的一个部件,其作用是把光线信号转换成计算机可读取的数字信号,如图 1-20 所示。

图 1-20　图像感应器（CMOS）

<<<<<<<<<

注意

半幅机因为图像传感器小，在使用半画幅照相机创作时，镜头焦距要乘1.6。比如，用了50mm定焦镜头在拍摄，实际上相当于80mm镜头的摄影效果。

1.2.2 单反照相机的镜头

单反照相机镜头是摄影器材中最为重要的器材，它可以给摄影创作带来更多的可能性和创意性，也会影响作品的艺术表现力。短焦镜头可以表现场景的辽阔、高大，利于表现气势；长焦镜头可以压缩和虚化背景，让画面更加简洁；微距镜头可以带来人类视觉无法触及的新鲜视觉，等等。掌握镜头的相关知识和应用的技巧，是提高摄影技术的重要基础。

1．镜头参数

镜头参数体现镜头的功能，是了解和认识镜头的第一步。下面以佳能70～200mm镜头（俗称小白）和佳能18～55mm镜头为例，来认知镜头中常用的参数，如图1-21所示。

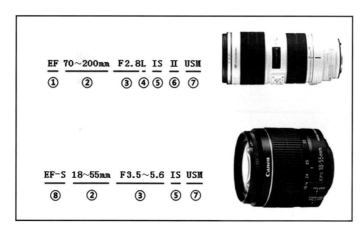

图1-21　镜头参数

① EF——通用镜头。可以安装在佳能任何一款照相机机身上。

② 镜头焦距。图1-21中的两款镜头都属于变焦镜头，在拍摄过程中，可以用70～200mm的任意焦距进行拍摄。在目镜中，焦距的变化可以对镜头前面的景物进行放大或缩小。

③ 镜头最大光圈。F值表示光圈系数。图1-21上排镜头的最大光圈是F2.8，是恒定光圈；图1-21下排镜头的最大光圈是浮动光圈。最大光圈随着镜头焦距的变化而变化，当焦距为18mm时，最大光圈是F3.5；而焦距为55mm时，最大光圈是F5.6。

④ L——Luxury（奢华），象征着佳能专业质量的镜头，采用了折射率极低、低色散的萤石镜片，特指佳能的"红圈镜头"。

⑤ IS——镜头带有防抖功能。

⑥ II——镜头采用第二代的防抖技术。

⑦ USM——镜头采用超声波马达技术对焦。

⑧ EF-S——非通用镜头,只能安装在 APS-C 画幅数码单反照相机上,也就是说只能安装在半幅机上,不能安装在全幅机上。

在镜头的参数中,最重要的参数有两个:一是焦距,二是最大光圈。这两个参数体现了镜头的最大价值,是购买镜头时主要考虑的两个参数。

提示

佳能镜头与尼康镜头两个不同品牌的镜头,两者机身的卡口不一样,因此这两个品牌的镜头之间是不可以互换的。此外,在佳能品牌的镜头中,"红圈"镜头相对较好,"银圈"镜头相对较差;在尼康品牌的镜头中,"金圈"镜头相对较好,"银圈"镜头相对较差。

2.镜头的类型

(1)按照生产厂家分,一般分为主厂(原厂)镜头和副厂镜头。

主厂镜头是指佳能、尼康、索尼等品牌生产的镜头,这些品牌既生产机身,也生产镜头。

副厂镜头是指腾龙、适马等品牌生产的镜头,这些品牌只生产与佳能、尼康等品牌照相机配套的镜头,不生产机身。副厂镜头如图 1-22 和图 1-23 所示。

图 1-22 腾龙(TAMRON)70 ~ 200mm 镜头

图 1-23 适马(SIGMA)70 ~ 200mm 镜头

副厂镜头有价格上的优势,比主厂镜头价格便宜,其成像的效果与主厂镜头会有少许的差距,但不是特别明显。

(2)按焦距的长短分,一般分为超长焦镜头、长焦(窄角)镜头、标准镜头、短焦(广角)镜头、超短焦镜头。

① 超长焦镜头。通常情况下,300mm 以上的镜头称为超长焦镜头,主要是用来拍摄远物,比如拍摄野生动物、拍摄足球比赛等,超长焦镜头如图 1-24 所示。

② 长焦镜头。通常情况下,焦距大于 135mm、小于 300mm 的镜头称为长焦镜头,而 70 ~ 135mm 焦距的镜头称为中长焦镜头,中长焦镜头主要用来拍摄人像。长焦镜头如图 1-25 所示。

图 1-24 佳能 800mm 超长焦镜头

图 1-25 佳能 70 ~ 200mm 长焦镜头

<<<<<<<<<<

③ 标准镜头。一般是指镜头焦距在 50mm 左右的镜头,主要是用来拍摄证件照与商品。所谓的标准,是以人眼睛的视觉作为参照,拍摄的图片与人眼的视觉非常接近,也就是说,50mm 镜头拍摄出来的照片与人眼睛看到的效果最为相似,因此称为标准镜头,标准镜头如图 1-26 所示。

💡 提示

24 ~ 70mm 镜头在 50mm 的拍摄表现最佳,因此这款镜头的销量一直是遥遥领先的,最大光圈是 F2.8 的镜头价格大概在 10000 元。这款镜头在产品拍摄以及人像摄影中都大量使用,是一款性价比非常高的镜头。

④ 短焦镜头。因为短焦镜头的视角比较宽,因此也称为广角镜头,一般是指焦距为 16 ~ 35mm 的镜头,主要用于拍摄风光;当拍摄近物时,会产生畸变。短焦镜头如图 1-27 所示。

图 1-26 佳能 24 ~ 70mm 标准镜头

图 1-27 佳能 16 ~ 35mm 短焦镜头

⑤ 超短焦镜头。一般是指焦距小于 16mm 的镜头,其视角更宽,在拍摄近物时,会产生比广角镜头更严重的畸变,靠近镜头的景物会夸张放大,而远离镜头的景物会夸张变小。超短焦镜头如图 1-28 所示。

(3)变焦镜头和定焦镜头。变焦镜头是镜头焦距可以变化的镜头,通过镜头焦距的变化,可以实现视域范围的变化,即通常说的放大和缩小,在拍摄的过程中较为方便。定焦镜头的焦距是不能变化的,它只有一个焦段,要实现视域范围的变化,只能通过摄影师的位置变化来实现,在拍摄的过程中比较不方便。

定焦镜头也有很多的优点,因此受到广大摄影者的青睐。其优点有以下几方面。

图 1-28 佳能 10 ~ 18mm 超短焦镜头

① 对焦速度快。

② 成像质量好。

③ 色彩还原真实、准确。

④ 最大光圈相对较大,比如 50mm 定焦镜头的最大光圈可以达到 1.2。

⑤ 背景虚化的效果较理想。

(4)鱼眼镜头与微距镜头。

① 鱼眼镜头。它的镜头焦距比超广角镜头焦距更短一点,镜头镜片如鱼眼般外凸,如图 1-29 所示。用这种镜头拍摄的照片会产生严重的畸变,如图 1-30 所示。

图 1-29　佳能 8～15mm 鱼眼镜头

图 1-30　鱼眼镜头的视觉效果

②　微距镜头。微距镜头是一种用作微距摄影的特殊镜头,主要用于拍摄十分细微的物体,如花卉及昆虫等。因为每款镜头都有对焦距离,超过对焦的距离则无法完成对焦。比如,佳能 70～200mm 镜头的对焦距离是 3m 或者 1.5m,在使用这款镜头时至少要离拍摄对象 3m 或者 1.5m 以上,而对于要靠近物体拍摄的题材来说效果不太理想,所以需要靠近拍摄来表现被摄物体的细节时就要用微距镜头,微距镜头如图 1-31 所示,微距镜头的视觉效果如图 1-32 所示。

图 1-31　佳能 100mm 微距镜头

图 1-32　微距镜头的视觉效果

1.2.3　单反照相机的配件

1. 三脚架

三脚架是摄影中必备的设备,三脚架如图 1-33 所示。在快门速度相对较低的情况下,特别是低于安全快门的时候,就需要用到三脚架进行拍摄,否则照片就容易产生模糊的现象。比如拍摄风光、产品、花卉、夜景及进行其他慢门创作时,常常使用三脚架来稳定照相机。

而在摄影棚中拍摄模特时,三脚架则用得比较少,因为模特的动作变化快,摄影师需要随时调整机位,用三脚架非常不方便,因此一般是把摄影灯的亮度调大,从而获得更高速的快门,快门速度够快时,手持照相机产生的抖动对照片清晰度的影响就不会很大,比如婚纱摄影、电商摄影(模特展示服装)等。

2.快门线

在拍摄过程中,按下快门按钮的动作会引起照相机的抖动,影响照片的清晰度。快门线可以解决这个问题,照相机连接好快门线后,拍摄时只需要按快门线上的曝光按钮就可以,拍摄者不需要直接与照相机接触,避免照相机的抖动。快门线如图 1-34 所示。

图 1-33 三脚架

图 1-34 快门线

3.UV 镜

UV(Ultra Violet)镜又称为紫外线滤光镜。UV 镜通常是无色透明的,它可以减少紫外线对成像的影响,有助于提高画面清晰度和色彩的效果,起到提高画面质量的作用。此外,UV 镜还可以起到保护镜头的作用,特别是在保护娇贵的镜头镀膜上有很重要的作用,但是由于目前的照相机大多采用 CMOS,受紫外线的影响大大减小,所以 UV 镜的作用会慢慢变小。UV 镜如图 1-35 所示。

4.遮光罩

遮光罩是安装在镜头前面,用来遮挡有害光线进入镜头的设备,如图 1-36 所示。

图 1-35 UV 镜

图 1-36 遮光罩

5．闪光灯

闪光灯是加强曝光量的方式之一，尤其在昏暗的地方，打闪光灯有助于提高景物的光照效果。闪光灯能在很短的时间内发出很强的光线，多用于光线较暗的场景做瞬间照明，也用于光线较亮的场景给被拍摄对象局部补光。闪光灯一般外形小巧，携带方便。如图 1-37 所示。

图 1-37　闪光灯

1.2.4　如何选购照相机及其配件

摄影是一门实践性很强的学科，要学好摄影，就必须经过大量的实践，摄影初学者拥有一台单反照相机是非常必要的。

然而，摄影器材品牌多，型号多，有各种不同档次和价格的设备，作为初学者，应该如何选购照相机及其配件呢？

在选择器材时，要重点关注两个方面：一是购买设备做什么用，二是预算的多少。从这两个方面出发，才不会在种类繁多的器材中迷失方向。

1．机身与镜头的选购

单反照相机的机身和镜头有各种档次和级别，摄影初学者面对琳琅满目的产品很难选择。根据用途和预算，表 1-1 列出了供参考选择的照相机机身和镜头。

表 1-1　机身与镜头购买参考表

消费者类型	用途	预算	机身	照相机类型	像素	镜头	镜头类型
一般初学者	学习	3000 元左右	佳能 1500D	半幅	2410 万	18～55mm	银圈
			尼康 D3500	半幅	2400 万	18～55mm	银圈
		5000 元左右	佳能 800D	半幅	2420 万	18～55mm/18～135mm	银圈
			尼康 D5600	半幅	2416 万	18～55mm/18～140mm	银圈
		8000 元左右	佳能 80D	半幅	2420 万	18～135mm	银圈
			尼康 D7500	半幅	2416 万	18～140mm	银圈
有条件的初学者	学习	不限制	佳能 6D2	全幅	2620 万	24～105mm	红圈
			尼康 D610/D750	全幅	2432 万	24～120mm	金圈
初次创业者	商业摄影	—	佳能 5D4	全幅	3040 万	24～70mm	红圈
			尼康 D850	全幅	3635 万	24～70mm	金圈

在选购设备时，忌讳过于追求设备的档次，应该从自身的条件和需求出发，选择适合自己的设备。设备可以给作品带来画面质量的提高，但是真正的摄影艺术在于作品的思想内涵，而不在于作品的外在形式美感。

🔖 提示

照相机的品牌有很多，各有特点和优势，佳能照相机的色彩还原较为真实，适合拍摄产品，但是普遍认为佳能照相机拍摄的照片焦点不实；尼康照相机拍摄的照片色彩较浓艳，适合拍摄风光和婚纱照等。

在镜头的选择上，首先要考虑的是镜头焦距，因为镜头焦距对创作的影响是最大的，其次要考虑光圈的大小和镜头的特性。

在镜头焦距的选择上，最完美的选择是既有短焦，又有标准和长焦，拥有更多焦段的镜头，在创作中就拥有更多的可能性。但是在预算不充足的情况下，则首先选择有标准焦段与短焦焦段的镜头，比如18～55mm；如果资金充裕，则可以选择焦段更长的镜头，比如18～105mm或者18～135mm，甚至可以选择被誉为"一镜走天下"的旅游镜头，比如18～200mm。焦距范围越大，镜头的价格也相对较高。

此外，镜头的焦距范围越大，成像的质量受影响就越大。一般来说，镜头的最长焦距不要超过最短焦距的3倍为佳。比如24～70mm与70～200mm镜头，70小于24的3倍，200小于70的3倍，成像质量比较好；而18～55mm与55～250mm镜头，55大于18的3倍，250大于55的3倍，成像质量较差。

镜头的产品种类繁多，价格不一，既有比较昂贵的800mm定焦镜头，价格在100000元左右；也有比较实惠的18～55mm镜头，价格只需500元左右。要根据自身需要和预算，选择合适的镜头，不能盲目追求高端设备。

在镜头的选择上有两种比较典型的方案：第一种方案是比较昂贵的"大三元"，第二种方案是比较实惠的"穷三宝"。如果预算不限，可购买"大三元"3个镜头，加上1台15000元左右的全幅机，则为高档配置；如果预算有限，可购买"穷三宝"3个镜头，加上1台5000元左右的入门级照相机，则是入门级玩家中理想的配置。

（1）大三元。"大三元"是指最大光圈恒定F2.8的3个变焦镜头的总称。一个是短焦镜头，一个是标准镜头，一个是长焦镜头，三者加起来可以覆盖从短焦到长焦的常用焦段（短焦16～35mm，标准24～70mm，长焦70～200mm），都是高端的镜头，成像质量好，因此，被冠以"大三元"之名。

佳能的"大三元"镜头如图1-38所示。
- 短焦镜头：佳能EF 16～35mm F2.8L Ⅲ USM。
- 标准镜头：佳能EF 24～70mm F2.8L Ⅱ USM。
- 长焦镜头：佳能EF 70～200mm F2.8L IS Ⅱ USM。

尼康的"大三元"镜头如图1-39所示。

图1-38 佳能"大三元"镜头　　　　图1-39 尼康"大三元"镜头

- 短焦镜头：尼康AF-S 14～24mm F2.8G ED。
- 标准镜头：尼康AF-S 24～70mm F2.8E ED VR。

● 长焦镜头：尼康 AF-S 70 ～ 200mm F2.8E FL ED VR。

（2）穷三宝。"穷三宝"是指价格比较便宜的 3 个镜头，比较适合初学者，特别是预算不多的摄影者。佳能的"穷三宝"镜头如图 1-40 所示。

图 1-40　佳能"穷三宝"镜头

● 短焦镜头：佳能 EF-S 18 ～ 55mm F3.5 ～ 5.6 IS STM。
● 中长焦镜头：佳能 EF-S 55 ～ 250mm F4 ～ 5.6 IS II。
● 定焦镜头：佳能 EF 50mm F1.8 STM。

2．配件的选购

在摄影配件中，三脚架是必备的配件之一，也是使用率很高的配件。

UV 镜也是必备的配件之一，特别是当购买了比较昂贵的镜头时，UV 镜可以起到保护镜头的作用，防止镜头镀膜被损坏，从而延长镜头的使用寿命。

遮光罩也是必备的配件之一。遮光罩可以遮挡部分影响成像的光线进入镜头，同时也可以起到保护镜头的作用。

至于其他摄影配件，初学者可以根据需要进行选购，在购买照相机时可以暂时不买，在创作中有需要的时候再另行购买。

3．选购设备的注意事项

（1）在哪里买。照相机市场上既有"水货"，也有翻新机，为了买到正品行货且价格实惠，选择购买的地方很重要。

首选，综合价格与产品的可靠性，在我国香港地区的专卖店购买照相机应该是比较不错的选择，香港地区的价格比较便宜，而且质量比较有保证。其次，可以选择去摄影器材的专卖商场购买，在这种地方购买的优点是：价格适中，质量有保证，还能在购买的过程中学到很多摄影知识，这里的销售员都有一定的专业知识，可以提供比较专业的参考意见。不太建议去电器大卖场或者大商场购买，这种地方虽然质量有保证，但是价钱偏贵；而且大部分销售员没有摄影专业知识，不能给购买者提供专业的咨询。更不建议去个人开设的店铺购买，虽然价钱可能会比较便宜，但是个人开设的店铺信誉没保证，质量也没保障，最有可能买到翻新机。

另外一种购买途径是网购。网购是一种方便快捷的购物方式，但是一定要选择有质量保证的购物平台进行购买，建议选择电商平台，产品的质量才更有保障。如果发现产品有问题，可以及时找商家和第三方平台进行交涉。在电商平台上如果发现卖假货，店铺将

直接被封店处理,并被罚款及赔偿用户。

（2）如何挑选照相机。照相机的挑选至关重要,因为每一台照相机都是不一样的,同型号的照相机在色彩还原及其他性能上都有差别。懂得挑选照相机的技巧,才能够买到一部更加出色的照相机。

照相机的挑选主要是试机。

试机步骤如下。

（1）把镜头焦距定在标准镜头50mm（半幅机为35mm）,拍摄电线杆或者其他竖直的物体,观察照片中线条是否是直线。如果有弯曲,那么说明照相机的镜头有问题。

（2）拍摄纯白物体（整个屏幕充满白色）,观察照片中是否有细微的黑点,如果有,说明照相机内部或者图像感应器有问题。

（3）拍摄纯黑物体（整个屏幕充满黑色）,观察照片中是否有细微的白点,如果有,说明照相机内部或者图像感应器有问题。

（4）拍摄带有润眼效果的绿色物体（刚发芽的嫩叶）,观察照片呈现出来的颜色,如果颜色润眼,色彩通透,说明照相机在色彩还原上表现优异。

（5）拍摄一张人像照片,观察照片中人像的皮肤,可以判断照相机在人像表现上的性能。

当然,有一部分店铺是不允许试新机的,只有付款之后才能拆封。当然付款之后,在试机过程中发现明显的缺陷是可以更换的。

此外,还要注意的是：仔细辨别照相机是否是翻新机。辨别的方法有两种：一是闻,新生产的照相机一般有一种特有的香味,如果没有香味,甚至闻到焦味,那么就是翻新机。二是看,主要看螺丝是否有磨损痕迹,在翻新过程中一般都要拆开照相机,观察到有开拆的痕迹,即可判断是翻新机。

1.3 单反照相机的基本操作

1.3.1 安全使用照相机

1．防摔

防摔是摄影初学者需要特别注意的安全问题。

照相机摔坏有两种情况：一是手持拍摄时,照相机没拿稳。特别是初学者,在手持照相机拍摄的时候,要利用好照相机的背带,或把背带缠在手上（见图1-41）,或者把背带挂在脖子上（见图1-42）,这样操作,即使失手,照相机也不会摔地上。二是用三脚架拍摄时,照相机被风吹倒或者被碰倒,抑或是三脚架有故障,比如支撑脚"卡头"松动,致使三脚架倒下摔坏照相机。因此,在使用三脚架拍摄时,尽量不要离开照相机太远,应提高对照相机的保护意识。

此外,在使用照相机的过程中,还要做到轻拿轻放,防止振动对照相机造成损坏。

2．不能长时间对着强光拍摄

因为照相机镜头大多是凸透镜,光线经过凸透镜会汇聚到一点而产生高温,就如同放大镜一样,产生的高温会造成照相机内部部件的损坏,特别是图像感应器。因此不能长

时间对着强光,如果要拍摄强烈的太阳光,就要快速完成拍摄,不能长时间让镜头对着强光。

图 1-41　背带缠手以防摔

图 1-42　背带挂脖子上以防摔

注意

早上的晨曦和傍晚的夕阳可以随意拍,因为此时光线变弱,不会造成照相机的损害。一般情况下,我们用眼睛看太阳 3s,视线移开后眼睛里没有黑影,就可以随意拍摄。

3．防水、防潮

(1) 防水。照相机的外壳一般没有密封,如果掉入水中或者淋雨,照相机就会坏掉,因此在使用过程中要防止这些情况发生。

(2) 防潮。如果是水汽进入到机身内,会对照相机内部的部件造成损害,因此防潮是很重要的。如果设备比较多,建议购买防潮柜;如果是个人的少量设备,则用密封盒子进行防潮。湿气重的天气就尽量不要将照相机拿出来使用。

4．防晒

在拍摄的过程中,照相机晒太阳是难免的,但是需要注意的是:不拍摄的时候,尽量不要让照相机晒太阳。因为照相机在工作的过程中,本身会产生热量,如果再晒太阳,就会造成机身温度升高,从而影响照相机的性能。

1.3.2　照相机的握持方法

要获得清晰的图像,就必须正确地握持照相机,防止照相机的抖动。正确的握持照相机的方法如图 1-43 所示。

(1) 右手紧握住照相机手柄。

(2) 左手托住镜头底部。

(3) 将右手食指轻轻放在快门按钮上。

(4) 将双臂和双肘轻贴身体。

(5) 两脚前后略微分开站立,腿部形成稳定的三角形。

(6) 将照相机贴紧面部,从取景器中取景。

水平拍摄   竖直拍摄

图 1-43 照相机的握持方法

初学者常犯的错误有两方面，一是左手不是托着镜头，如图 1-44 所示；二是竖直拍摄的时候，右手并不是在上，而是在下，如图 1-45 所示。

图 1-44 错误的握持方法（1）

图 1-45 错误的握持方法（2）

如果要降低角度，则可以采取右脚单腿跪地，左手支撑在左膝上，如图 1-46 所示；如果还要更低的角度，则可以采取趴下的姿势，如图 1-47 所示。

图 1-46 降低角度的方法（1）

图 1-47 降低角度的方法（2）

＞＞＞＞＞＞＞＞

握持照相机的方法并不是必须遵守的规定,可以根据实际情况灵活做出调整,也可以借助支撑物进行拍摄,比如把手撑在桌子上,或者倚靠在树上等,只要有利于照相机稳定的姿势都是正确的,不利于照相机稳定的姿势都是错误的。

1.3.3 照相机按钮功能简介

下面以佳能 750D 为例,介绍单反照相机的主要按钮功能。

1. 照相机正面

照相机正面的按钮如图 1-48 所示。

图 1-48　佳能 750D 正面的按钮简介

2. 照相机背面

照相机背面的按钮如图 1-49 所示。

图 1-49　佳能 750D 背面的按钮简介

3. 照相机上面

照相机上面的按钮如图 1-50 所示。

对焦环（模糊 / 清晰）

变焦环（放大 / 缩小）

镜头焦距

转轮

感光度

电源开关

热靴

模式转盘

图 1-50　佳能 750D 上面的按钮

4．照相机侧面

照相机侧面的按钮如图 1-51 所示。

对焦模式开关（AF/MF）

闪光灯开关

防抖开关

图 1-51　佳能 750D 侧面的按钮

1.3.4　照相机的显示屏参数简介

照相机显示屏（监视器）参数如图 1-52 所示。

- **M**——表示照相机正在使用 M 档（手动曝光模式）。
- **1/100**——快门速度，单位是秒。
- **F5.6**——光圈系数，选用了 5.6 光圈。
- **800**——感光度，选用了 800。
- **3..2..1..0..1..2..3**——曝光量指示标尺，可以预测照片的曝光量。
- **A**——照片风格，可以调整照片的锐度、色彩饱和度、对比度、色调。
- **AWB**——白平衡，调整照片的色调。

图 1-52　佳能 750D 显示屏参数

- AI SERVO——自动对焦模式。
- ——对焦区域的选择。
- ——测光模式,选用了点测光。
- ——单张拍摄。
- RAW+▲L——画质,照片格式包括 RAW 格式和 JPG 格式两种。
- [718]——可拍摄的照片数量。

这些参数被设定在显示屏上,说明这些参数是很重要的,操作的时候比较方便快捷,在拍摄之前,需检查照相机显示屏中的参数,并在拍摄过程中要时常留意这些参数。

1.3.5　照相机的模式转盘

照相机的模式转盘如图 1-53 所示,照相机当前的设置是 M 档。

1. 手动模式

M——手动曝光模式。所有参数都必须手动进行设置,是使用最多的模式。

2. 半自动模式

P——程序自动曝光模式。快门、光圈照相机自动设置,其他参数可以手动设置。与全自动拍摄模式相比,全自动拍摄模式的任何参数都无法手动设置,而在程序自动曝光模式中,部分参数是可以手动设置的。

图 1-53　佳能 750D 模式转盘

Tv——快门优先模式。快门手动设置,光圈照相机自动设置,其他参数可以手动设置。当拍摄对快门速度有要求,而且光线变化快时,可以使用这个模式。比如拍摄运动会,拍摄的对象是运动,所以对快门有要求,快门速度过慢会引起照片模糊,此外,运动场的光线变化比较复杂多样,在这种拍摄环境下最适合使用这个模式。

Av——光圈优先模式。光圈手动设置,快门照相机自动设置,其他参数可以手动设置。当拍摄对光圈有要求时,可以使用这个模式,比如拍摄虚化背景的人像或者花卉等,

<<<<<<<<<<

要虚化背景就要用大光圈,可以用光圈优先模式,把光圈设置为大光圈,快门参数由照相机自动设置。

3．全自动模式

● ⒜⁺——全自动拍摄模式,所有参数都无法手动设置,全部由照相机自动设置。
● ⒡——闪光灯关闭模式。
● ⒞⒜——创意自动拍摄模式。
● 🛐——人像拍摄模式。
● ⛰——风光拍摄模式。
● 🌷——微距拍摄模式。
● 🏃——运动拍摄模式。
● **SCN**——特殊场景拍摄模式。

在这些模式中,首先,用得最多的是手动曝光模式 **M**,只有这种模式才能把照相机的性能发挥到最佳,但是对摄影者要求比较高,必须深刻理解和掌握摄影的理论,同时有比较多的实践经验,才能驾驭这个模式。

其次,用得比较多的是快门优先模式和光圈优先模式,在光线变化快而且对快门和光圈参数有要求的情况下使用。此外,闪光灯关闭模式也偶尔会用,因为照相机上的闪光灯的光质都比较差,闪光灯影响照片的质感,高档次的照相机机身没有闪光灯的原因也在于此。为了避免闪光灯影响照片质感,又想让照相机自动设置参数时,一般都会选这个模式,而不选择全自动模式。

1.3.6　拍摄第一张单反照片

在学习摄影的原理和参数调整的技巧之前,要利用专业的单反照相机拍摄照片,就只能选用照相机的全自动模式,俗称"傻瓜模式"。下面说明如何利用全自动模式拍摄第一张单反照片。

🌀 **自动模式拍照的操作步骤如下。**

（1）开机并选择全自动模式。拨动照相机开关按钮对准 ON 的位置,并旋转模式转盘,选择全自动拍摄模式（⒜⁺对准白点标志）,如图 1-54 所示。

（2）取景。旋转变焦环进行放大与缩小,变焦环的位置如图 1-55 所示。

图 1-54　选择全自动拍摄模式

图 1-55　变焦环

>>>>>>>>>>

（3）对焦拍摄。首先在对焦模式开关处选择自动对焦模式（AF），对焦模式开关的位置如图1-56所示。

然后半按快门按钮进行对焦，快门按钮如图1-54所示。完成对焦时，照相机目镜中可以看到红点闪烁，同时照相机发出"嘀"的一声提示音，此时不要松开按快门按钮的手指，加力全按快门按钮，如图1-57所示，听到快门"咔嚓"一声，则完成一张照片的拍摄。

图1-56 对焦模式开关

对焦：半按   拍摄：完全按下

图1-57 半按／全按快门按钮

🔨 技巧

快门按钮有两种按法，轻轻按就是半按，加力按就是全按。半按快门按钮时，照相机自动对焦和测光；全按快门按钮时，照相机是曝光拍摄。

如果在对焦模式开关中选择手动对焦模式（MF），手动对焦要通过旋转对焦环实现合焦，对焦环的位置如图1-58所示。

（4）回放照片。按下回放按钮，并通过左右方向键翻看照片，如图1-59所示。

图1-58 对焦环

左右方向键

回放按钮

图1-59 回放照片与翻看照片按钮

1.4 练 习 题

1. 课后作业

登录专业摄影器材销售网站，了解摄影器材的特点，制作2份摄影器材购买清单，清单包括照相机、镜头、配件的型号、价格、特点。

第一份摄影器材购买清单为摄影初学者准备，购买一套适合初学者的设备，而且预算不超过6000元。

第二份摄影器材购买清单为创办摄影工作室的初次创业者准备,购买一套适合做商业摄影的器材,在满足做商业摄影需求的基础上,预算尽量节省。

2．项目实操题

利用全自动模式拍摄人像作品,拍摄要求：对焦准确,曝光准确。

人像作品的具体要求：注意背景干净,虚化背景,把人拍大一些,建议拍摄中景,模特采用前侧面角度摆姿势,在构图中把人放在中间偏一点的位置。

第2章 摄影技术

本章学习目标

- 掌握对焦技术；
- 掌握控制曝光的技术；
- 掌握控制景深的技术；
- 掌握控制白平衡的技术；
- 了解照相机其他参数的调整技巧和方法；
- 掌握单反照相机的手动档操作。

熟练掌握照相机的操作，自如地控制照相机的参数，掌握摄影的基本技术，是学习专业摄影的第一步，也是摄影技术提高与进阶的基础。

本章介绍的摄影基本技术主要包括：对焦技术、曝光技术、景深控制技术、白平衡控制技术，以及照相机中其他参数的控制。其他参数主要是指图片的格式、照片的风格等。

2.1 对 焦 控 制

对焦是为了让焦点准确，让照片更清晰。如果照片焦点不准确，无论用光与构图有多完美，也不能成为一幅好作品，只有对焦准确的照片才具有使用价值。对焦准确是对摄影初学者最基本的要求，也是摄影初学者必须掌握的第一个基本技巧。对焦不准确的照片如图 2-1 所示，对焦准确的照片如图 2-2 所示。

图 2-1 对焦不准确的照片　　　　　　　图 2-2 对焦准确的照片

在数码单反照相机中，对焦模式一般包括两种，一种是自动对焦，另一种是手动对焦。自动对焦是通过"半按快门"实现合焦，手动对焦是通过转动对焦环完成对焦。

<<<<<<<<

2.1.1 自动对焦

1. 自动对焦模式

自动对焦通过半按快门完成。自动对焦分为三种,分别是单次自动对焦、人工智能伺服自动对焦、可自动切换自动对焦。选择自动对焦模式的方法是:按下 AF 键,如图 2-3 所示,照相机的屏幕上会出现三种自动对焦模式选项,如图 2-4 所示,按左右方向键选择相应的模式,然后进行确定。

图 2-3　自动对焦模式选项按钮

图 2-4　自动对焦模式选项

（1）单次自动对焦——适合拍摄静止被摄体。半按快门按钮,照相机会实现一次合焦。实现合焦时,照相机目镜中可以看到红点亮起,照相机发出"嘀"的一声提示音。

（2）人工智能伺服自动对焦——该自动对焦操作适合对焦距离不断变化的运动被摄体。只要保持半按快门按钮,将会对被摄体进行持续对焦。实现合焦时,照相机目镜中看不到红点闪烁,照相机也不会发出提示音。

（3）可自动切换自动对焦——如果被摄体从静止变为移动,人工智能自动对焦将直接把自动对焦操作从单次自动对焦切换到人工智能伺服自动对焦。这是前面两种自动对焦模式的集合。实现合焦时,相机目镜中可以看到红点闪烁,但是没有提示音。

三种自动对焦模式的使用技巧如图 2-5 所示。

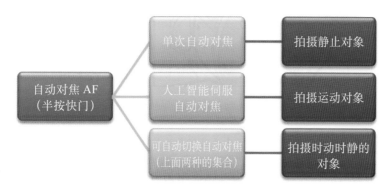

图 2-5　三种自动对焦模式的使用技巧

提示

在自动对焦情况下，照相机无法合焦时，则无法全按快门，此时一定不能使劲按快门，否则容易造成快门按钮损坏。

2．对焦点与对焦区域选择

有关对焦点和对焦区域的选择，不同品牌、不同型号的照相机存在差别。以佳能750D为例，照相机提供了三种自动对焦区域选择模式，分别是单点自动对焦、区域自动对焦、19点自动选择自动对焦。

（1）单点自动对焦——可以手动选择其中一个点作为对焦点，在人像、产品摄影中常用。

（2）区域自动对焦——可以手动悬着其中一个区域作为对焦范围，风景摄影中常用。

（3）19点自动选择自动对焦——照相机自动选择其中一个点作为对焦点。

2.1.2 手动对焦

照相机提供的自动对焦功能并非万能，在某些情况下，自动对焦可能无法合焦，此时应使用手动对焦模式。造成自动对焦失败主要是以下几种情况。

（1）光线不足的条件下。

（2）反差非常小的被摄体（例如，蓝天、色彩单一的墙壁等）。

（3）强烈逆光或者反光的被摄体（例如，车身反光强烈的汽车等）。

（4）被一个自动对焦点覆盖的远近被摄体（例如，笼子中的动物等）。

（5）取景中有靠近自动对焦点的光点等物体（例如，夜景等）。

（6）重复的图案（例如，摩天高楼的窗户、计算机键盘等）。

出现无法自动对焦的情况则可以用手动对焦模式，操作的方法是：将镜头对焦模式开关设为MF，然后手动转动对焦环进行对焦，如图2-6所示。

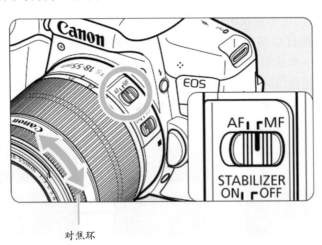

对焦环

图 2-6 手动对焦开关与对焦环

如果觉得手动对焦操作难度大，还可以使用另外一种方法：选择单次自动对焦模式，对着与被摄体处于相同距离的其他物体进行对焦，合焦之后，半按快门的手不要松开，然后移动镜头重新进行构图，完成构图之后再全按快门进行拍摄。

<<<<<<<<<

2.2 曝 光 控 制

准确控制曝光是摄影学习者应该具备的最基本的技能,也是成为摄影师的最基本要求。控制曝光,主要控制的是光圈、快门、感光度(ISO)这三个参数。

2.2.1 光圈

1. 光圈的定义

光圈是一个用来控制进光量的装置,如图 2-7 所示。光圈是由薄金属叶片组成,在镜头内部靠近机身的位置,如图 2-8 所示。

图 2-7 镜头光圈

透镜

光圈叶片

图 2-8 光圈位置

2. 光圈系数

光圈系数用 F 表示。常用的光圈系数有 F1.4、F2、F2.8、F4、F5.6、F8、F11、F16、F22、F32。在这些系数中,F11 左右的系数属于中等光圈,中等光圈成像质量较好。

由于光圈系数是光圈相对孔径的倒数,所以光圈的相对孔径与系数成反比,光圈系数越大,光圈的相对孔径越小。比如,F8 的镜头相对孔径要比 F11 大,也就是说用 F8 时进光量要多,拍摄照片的亮度要高,而用 F11 时进光量要少,拍摄照片的亮度要低。当我们拍摄的照片曝光不足时,则要加大镜头的孔径,把光圈系数调小,如图 2-9 所示。

F 值 1.4 2 2.8 4 5.6 8 11 16 22

光量 多 少

图 2-9 光圈系数越小孔径越大

📌 注意

光圈系数越小,光圈越大,进光量越多。

3．调整光圈系数

按住 AV 键，同时转动转轮，如图 2-10 和图 2-11 所示。

图 2-10　按住 AV 键　　　　　　　　　　　图 2-11　转动转轮

4．最大光圈与最小光圈

不同品牌、不同型号的镜头，最大光圈与最小光圈是不同的，如果不是恒定光圈的镜头，其参数会随着镜头焦距的变化而变化。以佳能 18 ～ 135mm 这款镜头为例，当镜头焦距是 18mm 时，最大光圈为 F3.5，最小光圈为 F22；当镜头焦距是 135mm 时，最大光圈为 F5.6，最小光圈为 F36。

5．光圈的作用

（1）调整进光量。光圈越大，到达感光器的光线就越多，照片就越亮。

（2）控制景深。光圈越大，景深越小，背景越虚化。

6．光圈的使用技巧

（1）使用大光圈虚化背景。在人像摄影与花卉摄影中，常常使用大光圈虚化背景，突出主体，如图 2-12 和图 2-13 所示。

图 2-12　大光圈虚化背景（1）　　　　　　　图 2-13　大光圈虚化背景（2）

（2）使用中小光圈获得大景深。在拍摄风光时,长用小光圈获得大景深,从远处的天空到近处的前景都是清晰的,如图 2-14 所示。

2.2.2 快门

1．快门的定义

快门是照相机上控制感光片有效曝光时间的装置,如图 2-15 所示。

快门安装在反光镜的后面、感光元件的前面（见图 1-5）。

图 2-14 小光圈获得大景深

图 2-15 照相机快门

2．快门的工作过程

目前,单反照相机主要使用的快门是幕帘式快门,包含前幕帘与后幕帘两部分,曝光开始后,后幕帘先升起,然后前幕帘再降下；完成曝光后,后幕帘先归位,然后前幕帘再归位。其工作过程如图 2-16 所示。

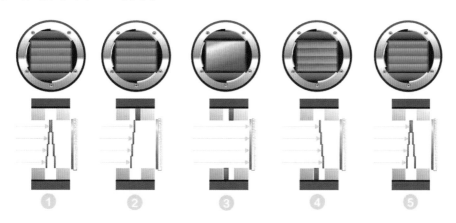

图 2-16 快门工作过程示意图

>>>>>>>>>>

（1）两片快门帘均处于展开状态。

（2）快门后帘（绿色）收缩，但是光线仍被快门前帘（蓝色）阻挡，曝光还未开始。

（3）快门前帘（蓝色）开始收缩，传感器开始一点点暴露在光线下，曝光开始。

（4）经过设定的快门时间后，快门后帘（绿色）即开始展开。

（5）快门后帘（绿色）完全展开，曝光结束，最后，前帘展开，完成上弦复位。

3．快门系数

快门系数有很多，入门级照相机的快门系数一般是 1/4000 ~ 30s，最快的是 1/4000s，最慢的是 30s，不同的照相机快门系数会有所不同。

在这些系数中，快门速度越快，曝光的时间就越短，曝光值就越低，照片的亮度随之降低；反之，快门速度越慢，曝光的时间就越长，曝光值就越高，照片的亮度就越高。比如在其他参数都不变的情况下，分别用 1/100s 和 1/125s 的快门速度拍摄两张照片，那么用 1/100s 拍摄的照片亮度高，因为 1/100s 的时间比 1/125s 的时间长。

在这些系数中，使用最多的一个快门值是 1/125s，在摄影棚中使用闪光灯拍摄时，常用这个快门速度。对初学者来说，快门系数多，反而很难选择合适的快门速度，会出现"选择困难症"，如果在选择快门参数时毫无思路，建议首先把快门速度调到 1/125s，然后再根据测光的情况做系数的调整。

4．调整快门系数的方法

下面以佳能 750D 为例说明。直接转动相机中的转轮（主拨盘），即可调整快门系数。

5．B 门曝光

在摄影创作中，有些特殊的场景下需要用到超过 30s 的快门速度，而照相机提供最慢的快门速度是 30s，这种情况下就需要用 B 门曝光。

B 门是一种由摄影者自由控制曝光时间的曝光方式，快门时间的长短完全由摄影者按下快门的时间的长短来决定，也称为"手控快门"。

B 门曝光的方法是：用手指按下快门按钮，照相机开始曝光，直到松开快门按钮为止。按快门按钮的时间长度就是曝光时间，比如要 31s 的曝光时间，那么就一直按住快门按钮达到 31s 之后再松开手。

B 门档的选择方法如下：在佳能 750D 中，当快门系数调到 30s 之后，继续再转一格转轮，照相机屏幕显示 BULB，即选中了 B 门曝光，如图 2-17 所示。

一般情况下，30s 的快门速度已经足以应付大部分拍摄场景，只有在光线较暗时，可能会用到 B 门曝光，比如拍摄星轨时可能会用到，"星轨"摄影作品如图 2-18 所示。

6．安全快门

安全快门是能保证照片清晰度的最慢快门速度。在手持拍摄的过程中，难免会有轻微的抖动，从而影响照片的清晰度。为了避免因照相机不稳或者抖动而造成照片模糊，快门速度就要相应地加快。快门速度越快，照片的清晰度相对更高。

安全快门速度 $= \dfrac{1}{焦距}$ s。如果快门速度慢于安全快门，照片容易模糊；如果快门速度快于安全快门，照片的清晰度就更加有保证。

图 2-17 佳能 750D 照相机的 B 门

图 2-18 "星轨"摄影作品

比如镜头焦距为 50mm,那么安全快门的速度则是 1/50s,在拍摄中,如果选用了慢于 1/50s 的快门,那么照片就容易产生运动模糊效果。为了确保照片的清晰度,就要选择比 1/50s 快一些的快门,比如 1/60s、1/80s……

拍摄中,因使用了比安全快门速度慢的快门而产生的运动模糊效果如图 2-19 所示。

图 2-19 快门速度较慢时造成的模糊

安全快门是相对的安全,不是绝对的安全,图片是否模糊关系到多方面的因素,除了与镜头的焦距长短有关之外,还与拍摄对象的移动速度以及摄影者拿照相机的稳定性有关。有的时候用了安全快门,因为拍摄对象的运动速度很快,照片依然会出现模糊情况;有的时候用了比安全快门慢的快门速度,因为摄影者拿照相机的稳定性很好,拍出来的照片依然是清晰的。因此安全快门是一个参考值,要根据拍摄情况,具体情况具体分析。

7. 快门的作用

(1) 控制进光量。曝光时间越长,进光量越多,照片的亮度越高。

(2) 影响照片的清晰度。快门速度越快,照片的清晰度越有保证。

（3）作品创作。主要包括光绘摄影、夜景摄影、星轨摄影、追随拍摄等利用慢门进行的创作，还包括滴水皇冠等利用高速快门进行的创作。

8. 快门的运用

（1）幕帘式瀑布。幕帘式瀑布效果如图 2-20 所示，水流变成幕帘状。在创作的过程中，快门速度是关键，利用低速快门进行曝光，水在曝光的过程中产生位移，水珠由"点"变成了"线"，众多水珠形成的线条组合在一起，就形成了幕帘式的瀑布。摄影效果与人眼实际看到的效果差别较大，给人一种视觉上的新鲜感，这是一种常用的摄影创作技巧。

图 2-20　幕帘式瀑布

🔨 技巧

拍摄幕帘式瀑布时的参数设置如下。

● 快门——一般为 1s 左右，快门速度越慢，棉絮感越强，但是受到现场光线的影响，快门速度不能太慢，否则会出现曝光过度的情况。

● 光圈——小光圈，因为曝光时间长，所以可以用小光圈来减少进光量。

● ISO——感光度一般用最低值。

创作要点：要运用三脚架。

（2）夜景摄影。夜景摄影是摄影创作的一大题材，受到很多摄影者的喜爱。夜景主要是拍摄繁华都市，利用建筑的灯光和公路上的车灯的光影进行创作，如图 2-21 所示。

🔨 技巧

进行夜景摄影时的参数设置如下。

● 快门——约10s，视现场的光线强度而定，慢门是车灯变成线条的关键。

● 光圈——用小光圈，视现场的光线强度而定。

● ISO——感光度用最低值。夜晚光线不足，高感光度会增加照片的噪点。

创作要点：要运用三脚架，注意调整角度，找到曲线与斜线以进行构图。

<<<<<<<<<

图 2-21　夜景摄影

（3）追随拍摄。追随拍摄是一种拍摄难度较大的摄影创作，可能需要多次拍摄才能获得一张满意的照片，但是这种作品是极具艺术表现力的。这种作品的创作方法是：按下快门的同时，跟随拍摄对象运动的方向甩镜头。这种作品的特点是：画面中运动的物体是清晰的，而静止的物体是模糊的，作品效果如图 2-22 所示。

图 2-22　追随拍摄

🔨 技巧

追随摄影的参数设置如下。

● 快门——1/15s左右，不能太快，也不能太慢。

● 光圈——由现场的光线和创作的意图而定。

● ISO——由现场的光线和创作的意图而定。

创作要点：甩镜头的速度和拍摄对象前进的速度要接近同步，此时拍摄的画面最清晰；如果两者不同步，就可能使整张照片都是模糊的。为了避免照相机上下的移动，最好使用三脚架进行创作。

（4）光绘摄影。光绘摄影是用摄影的形式记录光源运动轨迹的一种创作方式，如图 2-23 所示。这种作品主要是利用光源进行创作。常用的光源是手电筒，此外，还有荧光棒、LED 灯带、钢丝棉等。在创作的过程中，尽量选择多种色彩的光源，如图 2-24 所示。

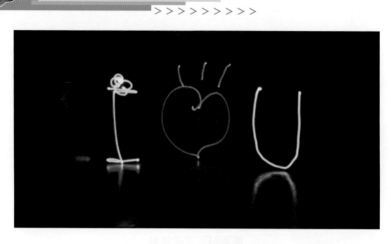

图 2-23　光绘摄影

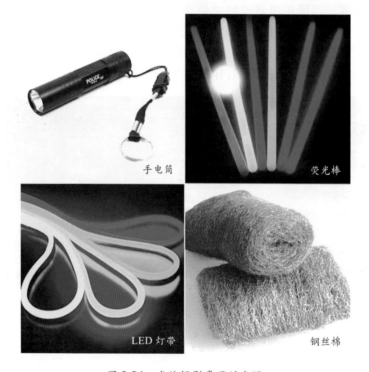

图 2-24　光绘摄影常用的光源

　　在创作中,因为要长时间进行曝光,所以要选择光线较暗的环境,最好是不透光的摄影棚或者在晚上进行拍摄。

技巧

光绘摄影的参数设置如下。

- 快门——B门或者设定快门时间为作画所需的时间。
- 光圈——由现场的光线和创作的意图而定,一般选用小光圈。
- ISO——用最低的数值。
- 对焦——手动对焦。

<<<<<<<<

创作要点：

① 要运用三脚架。

② 字与字之间断开时，可以关闭光源或者对光源进行遮挡。

③ 字要反着写。

④ 如果人要入镜，则要对人进行打光。

（5）星轨摄影。星轨摄影就是以摄影的形式记录星星相对地球的移动留下的轨迹，如图2-25所示。

图2-25　星轨摄影

星轨摄影中拍到的星星是恒星。恒星不会移动,形成的移动轨迹是由地球自转产生的。所有的恒星以整圆的形式旋转移动并最终回到最初的位置,靠近两极的恒星会产生最小的圆,而靠近地球赤道的恒星则会产生最大的圆,每颗恒星每小时大约向西移动15°。

🔨 技巧

星轨摄影的参数设置如下。

● 快门——B门或者T门。

● 光圈——视现场的光线情况而定，一般使用偏大的光圈。

● ISO——尽量低。

● 对焦——手动对焦。

● 降噪——关闭该功能，以免降噪的处理时间影响拍摄。

创作要点：

① 要运用三脚架。

② 要运用快门线，选择可定时的电子快门线，避免按照相机快门时照相机抖动。

③ 间隔拍摄时间最好设定为5s左右。

④ 照片拍出来之后要进行后期合成，可以用Photoshop的"堆栈功能"进行处理。

⑤ 拍摄地点尽量为远离市区的地方，避开光污染。同时找一个合适的前景。

⑥ 时间选择日落2小时后至日出前2小时。还要避开月光，农历十五前后几天不宜

拍摄星轨。

（6）爆炸效果。爆炸效果是通过一边曝光一边变焦实现的,如图 2-26 所示。

图 2-26　爆炸效果

🔨 技巧

爆炸效果的参数设置如下。

● 快门——1/15s左右。
● 光圈——视现场的光线情况而定。
● ISO——视现场的光线情况而定。
● 对焦——手动对焦,在落点焦距上进行对焦。

创作要点：按下快门的同时转动变焦环。

（7）滴水皇冠。利用高速快门抓拍水珠溅起的水花效果。水花犹如皇冠,因此得名。效果如图 2-27 所示。

图 2-27　滴水皇冠

🔨 **技巧**

滴水皇冠的参数设置如下。

● 快门——1/500s以上，速度越快效果会越好。

● 光圈——视现场的光线情况而定。

● ISO——视现场的光线情况而定。

● 对焦——手动对焦。

创作要点：使用三脚架和闪光灯，因为快门速度要求比较快，曝光时间短，因此要进行人工补光，补光的时候采取逆光的布光方式，水珠的效果会更好一些。

2.2.3 感光度

感光度又称为 ISO 值,是指感光元件对光线的敏感程度,也是感光元件对光线的感应能力强弱的一个参数。

1．ISO 系数

常用的 ISO 系数有 100、200、400、800、1600、3200、6400,不同品牌与型号的照相机,感光度的系数会有所不同,而且在高感光度上的表现差异也比较大,好的照相机在使用 1600 的 ISO 系数时照片的画质依然很好,但是入门级的照相机的 ISO 系数超过 400 时,照片的噪点会特别明显,画质很差。

感光度系数越高,感光元件的感光能力就越强。如果使用了高感光度,则快门可以随之调快,光圈也可以随之变小。

2．使用 ISO 的技巧

(1) 系数越高,感光的能力越强,拍摄的照片亮度越高。

(2) 系数越高,照片的噪点越明显,画质越差。图片噪点如图 2-28 所示。

图 2-28 图片噪点

(3) 尽量选用低的 ISO 系数,入门级单反照相机尽量不要超过 400。

3．调整 ISO 系数的方法

调整 ISO 系数的方法分为如下两步。

(1) 按下 ISO 键,如图 2-29 所示。

(2) 在屏幕中选择 ISO 系数,如图 2-30 所示。

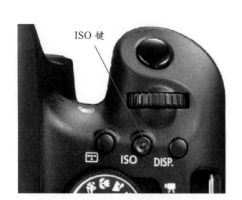

图 2-29 ISO 键

图 2-30 ISO 系数

2.2.4 曝光量与互易律

一张照片的曝光量是由快门、光圈、感光度三个参数决定的。一张曝光准确的照片的曝光量可以由多组不同的参数实现,这就是互易律,也称为倒易率。

例如,用 ISO 400、快门 1/1000s、F2 拍摄出一张曝光准确的照片,那么在 ISO 不变的情况下,可以由若干组快门与光圈的参数达到同样的曝光量。如表 2-1 所示,8 组参数所获得的曝光量是一样的。

表 2-1 互易律的参数表

序号	ISO	快门	光圈
1		1/1000	2
2		1/500	2.8
3		1/250	4
4		1/125	5.6
5	400	1/60	8
6		1/30	11
7		1/15	16
8		1/8	22

以上所列举的 8 组参数中,获得的曝光量是相同的,拍摄的图片亮度也一样。

比较第 1 组与第 2 组参数,在第 2 组参数中,虽然快门速度增加了 1 倍,但是光圈缩小了 $\sqrt{2}$ 倍,因此与第 1 组得出同样的曝光量。其他组参数以此类推。

由此可以看出,在任何一个场景中要做到曝光量合适,并非只有唯一的一组参数可以达到目标,而是有若干组。那么,在实际的运用中应该如何选择这些参数呢?

具体操作方法如下:

(1) 在拍摄虚背景的人像、花卉、昆虫作品时,应选择大光圈的参数组合,例如第 1 组或者第 2 组。

（2）在摄影棚拍摄纯色背景人像或者产品时，应选择中等光圈的参数组合，例如第 6 组。

（3）在拍摄风光摄影作品时，则选择中小光圈的参数组合，例如第 7 组。

2.2.5 测光

测光技术在胶片时代是非常重要的技术，因为胶片时代拍摄照片无法即拍即看，要冲洗出来之后才能看到照片的效果，因此提前预判曝光是否准确就显得尤为重要。此外，胶片昂贵，曝光不准确，造成了底片的浪费，增加了拍摄成本。但是在数码时代，实现了即拍即看的功能，拍摄一张照片的成本也大大降低，再加上曝光还可以在摄影后期进行调整，因此，在数码时代，测光的技术越来越不受重视。但是了解一些测光的技巧和方法是很有必要的。

测光有两种模式，一种是照相机测光，另一种是测光表测光。目前，测光表已经很少使用，因此不在此赘述，只介绍照相机的测光。

在数码单反照相机中提供了测光功能。在拍摄过程中半按快门，照相机在对焦的同时也在测光，测光的结果通过曝光量指示标尺显示，在监视器上以及取景器里面可以看到，如图 2-31 和图 2-32 所示。

图 2-31　监视器中的"曝光量指示标尺"　　图 2-32　取景器中的"曝光量指示标尺"

在曝光量指示标尺下部有一个白点，白点的位置表示测光的结果，如果白点在中间，说明曝光准确；如果白点在左边，说明曝光不足；如果白点在右边，说明曝光过度。

然而，在实际的拍摄过程中，并非只要白点居中。曝光即使是准确的，测光还会受到测光模式的影响，只有测光模式使用正确，同时白点居中，这样才能确保曝光准确。

照相机的测光模式有评价测光、局部测光、点测光、中央重点平均测光 4 种。

在照相机中，打开菜单，选择"测光模式"命令，如图 2-33 所示，监视器中出现测光模式的选项，如图 2-34 所示。

（1）评价测光——以取景器中所有拍摄对象作为测光的参照物。

（2）局部测光——以取景器中央的一部分拍摄对象作为测光的参照物，局部之外的拍摄对象不作为测光的对象，相当于忽略了拍摄对象。

>>>>>>>>>

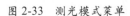

图 2-33　测光模式菜单

图 2-34　测光模式选项

（3）点测光——以取景器中某一特定的部分作为测光的参照物，大概占整张照片的 3% 的面积。

（4）中央重点平均测光——以取景器中央作为重点测光对象，越往四周的景物对测光的影响越小。

四种测光模式的差别如图 2-35 所示，图中的灰色部分代表测光区域，灰色以外的区域将被忽略不计。

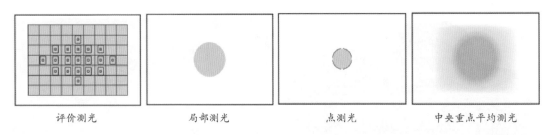

评价测光　　　　　局部测光　　　　　点测光　　　　中央重点平均测光

图 2-35　灰色代表测光区域

⚒ 技巧

在拍摄风光作品时，常用评价测光模式；在拍摄人像时，常用点测光模式，人像一般以脸部作为测光区域。

2.2.6　曝光补偿

在选用自动档与半自动档中，照相机自动测光，并自动配置快门或光圈等参数，但是照相机配置的参数是依靠程序进行的，由于是预先设定的程序，有时候会出现偏差，这个时候就需要用曝光补偿调整曝光量。因此，曝光补偿其实就是人为地干预照相机自动曝光的一种形式。也就是有意识地变更照相机自动演算出的合适曝光参数，让照片更明亮或者更昏暗的拍摄手法。

照相机测光曝光补偿是一种曝光控制方式，常见的一般在 $\pm(2 \sim 3)$ EV 左右。曝光补偿是只有在自动档或者半自动档的模式下才有的功能，在手动档的模式下不能进行曝光补偿。

在逆光条件下或者在背景亮度较高的条件下，常常会用到曝光补偿。

<<<<<<<<<

🔨 技巧

在曝光过程中，常常会在阳光灿烂的条件下拍摄，比如在海边拍摄。在这种情况下，很难在照相机显视器中看清楚照片的曝光效果，此时可以使用阳光16法则。所谓阳光16法则，就是在室外阳光下，如果光圈是 F16，则快门速度是感光度指数的倒数。例如，在室外阳光下，如果光圈是 F16，感光度是100，则快门速度应为 1/100s。

2.3　景深控制

2.3.1　景深的概念

景深是指能产生清晰影像的那段距离。清晰的范围小，称为小景深（浅景深），反之称为大景深，如图 2-36 所示。景深是距离的概念，其单位是 km、cm 等。

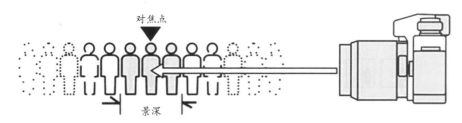

图 2-36　景深示意图

景深有两种比较典型的应用，一种是小景深（虚化背景），比如拍摄虚背景人像、花卉、昆虫等，如图 2-37 所示；另一种是大景深，比如拍摄风光作品，如图 2-38 所示。

图 2-37　小景深作品　　　　　　　　　图 2-38　大景深作品

在小景深作品中，最小景深只有几毫米，比如用微距和大光圈拍摄的作品；最大景深可以达到无穷远，比如风光摄影中，从远处的天空到近处的前景，所有景物都是清晰的。

在景深的控制中，运用最多的是小景深，在摄影创作中，很大部分的创作是使用小景深的技巧进行创作的。

2.3.2 小景深

影响小景深有三个重要的因素,分别是焦距、光圈、拍摄距离,另外,还要有拍摄主体与背景之间的距离,两者的距离越远,背景越虚化。

(1)焦距——焦距越长,景深越小,背景越虚化,如图 2-39 所示。

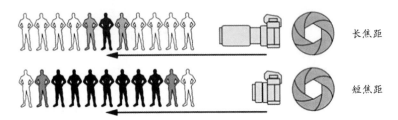

图 2-39 焦距越长,景深越小

(2)光圈——光圈越大,景深越小,背景越虚化,如图 2-40 所示。

图 2-40 光圈越大,景深越小

(3)拍摄距离——拍摄距离越近,背景越虚化,如图 2-41 所示。

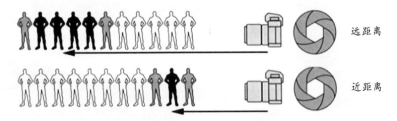

图 2-41 拍摄距离越近,景深越小

🎣 **拍摄小景深的操作步骤如下。**

(1)把焦距调到长焦位置。

(2)把光圈调到最大,即把光圈系数调到最小。

(3)靠近拍摄。

(4)选择相对较有纵深感的背景。

在小景深的实际运用中,并非背景越虚化越好。背景太虚化,缺乏层次,主体与背景之间有一种分离感,影响作品的美感,如图 2-42 所示。

在背景虚化的运用中,要注意背景的层次感,要由远及近地渐变,这样主体和背景之间会更加融合,如图 2-43 所示。

<<<<<<<<<

图 2-42　主体与背景有分离感

图 2-43　背景有层次感

2.3.3　大景深

大景深主要运用在风光摄影中,要获得大景深,则对小景深的技巧进行反向操作即可。

(1) 焦距——焦距越短,景深越大,视域越宽广。因此,风光摄影用短焦镜头进行创作居多。

(2) 光圈——光圈越小,景深越大。在风光摄影中,一般用中小光圈,以获得大景深。

(3) 拍摄距离——拍摄距离越远,景深越大。在风光摄影中,常常拍摄远景。

2.4　白平衡控制

2.4.1　白平衡的概念

白平衡就是白色平衡的意思,英文是 White Balance,因此白平衡的英文缩写是 WB。

调整白平衡的目的是获得准确的色调,从而正确还原现实中的色彩。如果没有校准白平衡,则会出现偏色现象,如图 2-44 所示。

色调准确　　　　　　　　色调偏冷　　　　　　　　色调偏暖

图 2-44　白平衡对色调的影响

调整白平衡是以白色作为色彩还原的基础,校准白色并使之达到平衡、准确,其他的色彩也将随之准确,否则其他色彩就会不准确而出现偏色。

调整白平衡的方法是：人为地指定白色,通过白色的校准来实现整体色彩的平衡、准确。

因为每一个拍摄场景的光线色温不同,每次拍摄之前都要对白平衡进行校准,否则就会出现偏色。

在白平衡的实际运用中有两种情况：一种情况是要准确还原色彩,比如拍摄产品、人像、证件照等；另一种情况是故意偏色,以达到更佳的艺术效果。

在一些电子商务摄影中,色调还原要求准确,不能偏色,有些产品图片的色彩出现偏色,消费者收货时发现颜色与图片中的颜色不一样时,往往会退货,大量的退货会影响商家的销售,特别是服装类的产品。

但是,在一些艺术创作中,往往会利用偏色原理故意偏色,以增加作品的艺术表现力,例如拍摄晨曦或者拍摄雪景时,故意偏色更有艺术表现力。

2.4.2　准确还原色调

在白平衡的使用中,大多数情况下,要求色彩还原准确,比如商品摄影、人像摄影等。

准确还原色调有两种方法：第一种是利用照相机的预设档；第二种是利用手动档。这两种方法中,手动调白平衡能够毫无偏差地实现色彩准确还原,但是操作复杂,一般在高端的摄影创作中才会用到。而预设档操作方法简单,在创作中,大部分时间都使用预设档,但是,预设档有时候会出现微小的色差。

1. 利用预设档校准白平衡

单反照相机提供了预设档,预设档包括：自动白平衡（AWB）、日光、阴影、阴天、钨丝灯、白色荧光灯、闪光灯、用户自定义（手动）。不同的预设档代表不同的光照条件,在运用过程中,只需要选择适于光源的白平衡即可。比如,在日光下拍摄,就选择日光白平衡；在阴影下拍摄,就选择阴影白平衡。如果不好判断光源的情况,可以选择自动白平衡。

白平衡的调整方法如下：首先按下 WB 按钮,如图 2-45 所示。照相机监视器出现白平衡选项,如图 2-46 所示。

图 2-45　白平衡按钮

图 2-46　白平衡选项

2．利用手动档校准白平衡

在白平衡的选项中,最准确的白平衡是自定义白平衡,即手动白平衡,但是手动调整白平衡的操作相对复杂。

🐦 **自定义白平衡的操作步骤如下。**

（1）拍摄白色物体，要求整个屏幕充满白色；对焦准确；曝光准确；可以使用任意白平衡,建议使用手动对焦。

（2）在菜单中选择"自定义白平衡"选项，如图2-47所示，并选择拍摄的白色照片的白平衡数据作为自定义白平衡。

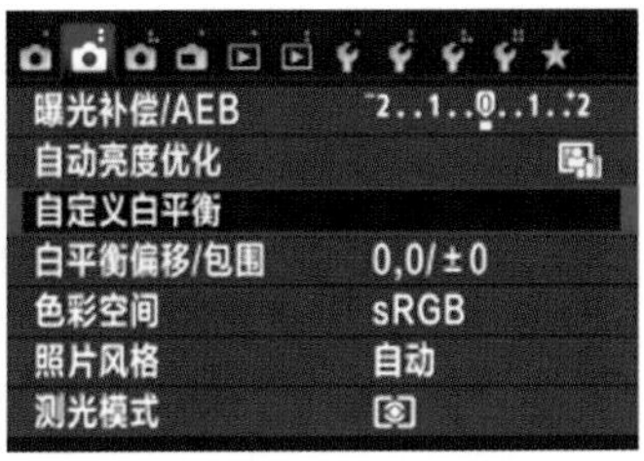

图2-47 "自定义白平衡"选项

🔨 **技巧**

在步骤（1）中，用18%的灰度反光板（市面有售）取代白色物体，可以获得更加准确的白平衡。

2.4.3 偏色效果

在摄影创作中,常常用到故意偏色的技巧,比如拍摄日出或者拍摄雪景。偏色效果有两种,一种是偏冷,另一种是偏暖。

1．偏色原理

在照相机中设置高于拍摄现场的色温,照片偏暖、偏红；在照相机中设置低于拍摄现场的色温,照片偏冷、偏蓝。

运用偏色原理,首先要学会估算拍摄现场的色温,比如在教室中拍摄,教室采用荧光灯照明,那么拍摄现场的色温大概是4000K。如果要拍摄偏暖色调的照片,则要在照相机中设置高于4000K的色温进行拍摄；如果要拍摄偏冷色调的照片,则要在照相机中设置低于4000K的色温进行拍摄。

2．色温

当光源发射光的颜色与黑体在某一温度下辐射光色相同时,黑体的温度称为该光源的色温。比如光源是蜡烛,烛光的颜色是红色,用黑体（木炭）进行加热,当黑体辐射出和烛光一样的光色的时候,测出的黑体燃烧的温度就是烛光的色温。色温不是以摄氏度为单位的,而是以开尔文温度为单位,开尔文温度的单位是K,因此色温的温度也是K。当黑体加热到辐射出的光色与烛光相同时,测出的温度大概是2000K,因此,蜡烛的色温就是2000K左右。

（1）常见光源的色温

● 日光 5200K

● 钨丝灯 3200K

● 荧光灯 4000K

● 闪光灯 5500K

● 阴天 6000K

- 阴影 7000K
- 烛光 2000K

(2) 色温变化规律

光色越偏红,色温越低;光色越偏蓝,色温越高,如图 2-48 所示。

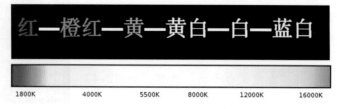

图 2-48 色温变化规律

3．偏色的应用

要获得偏色效果的照片,首先要估算出拍摄现场的色温,然后按照偏色的原理设置相应的色温。

比如,在太阳光的光照条件下要进行故意偏色处理,首先要知道日光的色温值为 5200K。如果要拍摄偏暖色调的照片,在照相机中就要设置高于 5200K 的白平衡,即选择"阴天"白平衡(6000K),或者"阴影"白平衡(7000K),都可以得出偏暖色调;如果要拍摄偏冷色调的照片,就在照相机中设置低于 5200K 的白平衡,即选择"荧光灯"白平衡或者"钨丝灯"白平衡,都可以得出偏冷色调。

🔨 技巧

偏离拍摄现场色温值越大,偏色越严重。

(1) 拍日出。在拍摄日出时,运用故意偏色技巧,作品更加有表现力,如图 2-49 所示。

要实现偏暖色调效果,首先要估算拍摄现场的色温,早上初升的太阳是红色,可以判断其色温为 2000K 左右。如果要拍摄偏暖色调,在照相机中要设置高于 2000K 的色温,比如"日光"白平衡(5200K)或者"阴天"白平衡(6000K)。照相机中的色温选择越高,照片的色调越暖。

准确还原　　　　　　　　　　　　　故意偏色

图 2-49 偏暖色调更有艺术表现力

(2) 拍雪景。在拍摄雪景时,运用故意偏色技巧,作品更加有表现力,如图 2-50 所示。

要实现偏冷色调效果,首先要估算拍摄现场的色温,下雪的天气色温普遍偏高,其色

温受到天气影响,一般都在 6000K 以上;要偏冷色调,在照相机中要设置低于 6000K 的色温,比如"荧光灯"白平衡(4000K)或者"钨丝灯"白平衡(3200K)。照相机中的色温设置越低,照片的色调越冷。

准确还原

故意偏色

图 2-50 偏冷色调更有艺术表现力

2.5 其他参数控制

2.5.1 照片格式(画质)

在数码单反照相机中,记录照片的格式有两种,一种是 JPG,另一种是 RAW。JPG 是大家比较熟悉的格式,是一种压缩格式;而 RAW 是一种无损格式,是专业级别的摄影格式。两种格式的特点与区别如表 2-2 所示。

表 2-2 RAW 与 JPG 的比较

比较的内容	RAW 格式	JPG 格式
文件大小	28MB 左右	7MB 左右
是否压缩	原始图像,无压缩	被压缩
专业程度	专业格式	非专业格式
信息量	大(记录了多维度信息)	小(很多信息被压缩了)
读取方式	普通的软件无法读取,要用 Camera Raw 或者 Lightroom 等软件才可读取	普通的读图软件可以读取
后期处理	处理空间大,流程相对复杂	处理空间小,流程相对简单
最大特点	严重曝光过度矫正之后,细节依然可见,画质无损害	严重曝光过度矫正之后,画面的部分细节被丢失

在摄影创作中,多数情况下会使用 RAW 格式进行记录,如果存储卡的空间充足,还可以选择 RAW+JPG 格式。这种情况下,拍摄一张照片,照相机记录两张,一张是以 RAW 格式存储,另一张是以 JPG 格式存储。

RAW 格式最大的特点是保留了照片的原始信息,给后期处理留下非常大的空间,比如一张曝光十分过度的 RAW 格式照片,如图 2-51 所示,通过后期曝光调整之后,曝光过度的细节依然存在,如图 2-52 所示。但是 JPG 格式的照片出现曝光严重过度,调整照

片的亮度之后,曝光过度的部分细节丢失,无法复原,特别是天空部分,细节基本丢失,如图 2-53 所示。

图 2-51　曝光过度的照片

图 2-52　RAW 格式校正之后的效果

图 2-53　JPG 格式校正之后的效果

2.5.2　照片风格

1. 常用的照片风格

在单反照相机中,提供了多种照片风格可供选择,下面进行说明。

● 自动——色调将被自动调节以适合场景。尤其对于在自然界、室外和日落场景下拍摄的蓝天、绿色植物和日落等照片,色彩会显得十分生动。

● 标准——图像显得鲜艳、清晰、明快。这是一种适用于大多数场景的通用照片风格。

● 人像——用于较好地表现肤色,图像显得更加柔和。适于近距离拍摄人像。

● 风光——用于拍摄鲜艳的蓝色和绿色以及非常清晰、明快的图像。拍摄生动的风光时非常有效。

● 中性——该照片风格适于偏爱用计算机处理图像的用户,适合具有适当亮度和色彩饱和度的自然色彩与柔和的图像。

● 可靠设置——该照片风格适于偏爱用计算机处理图像的用户。在色温为 5200K 的阳光下拍摄的被摄体的颜色将被调整为匹配被摄体的颜色。适合具有适当亮度和色彩饱和度的柔和的图像。

● 单色——创建黑白图像。

● 用户定义——根据需要进行设置,照相机自动存储自定义的风格。

2. 照片风格的详细设置

同一类型的照片风格之所以不同,差别在于锐度、反差、饱和度、色调这四个方面,如图 2-54 所示。所需的风格也可以通过这四个方面进行调整。

● 锐度——锐度高,拍摄对象的边缘更锐利,清晰度相对较高。拍摄风光作品时,一般会提高锐度值;

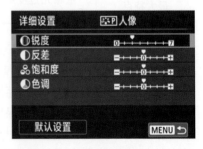

图 2-54　照片风格的具体设置内容

而拍摄比较柔美的女性时,则会降低锐度值。

● 反差——主要是指明暗反差,反差大,明暗层次丰富;反差小,明暗层次小。一般情况下不调整该选项。

● 饱和度——是指色彩饱和度,饱和度高,色彩浓艳。一般在风光摄影中把饱和度提高,但是不宜过高;拍摄人像时一般不调整饱和度。

● 色调——该选项值一般不调整,调整之后照片会产生偏色。

2.6　练　习　题

1．填空题

（1）对焦有两种对焦模式,一种是＿＿＿＿,英文缩写是＿＿＿＿；另一种是＿＿＿＿,英文缩写是＿＿＿＿。

（2）自动对焦的操作方法是＿＿＿＿＿＿＿；手动对焦的方法是＿＿＿＿＿＿＿。

（3）自动对焦有三种模式。

第一种是＿＿＿＿＿＿＿,主要用于拍摄静止的拍摄对象。

第二种是＿＿＿＿＿＿＿,主要用于拍摄运动的拍摄对象。

第三种是＿＿＿＿＿＿＿,主要用于拍摄时而运动时而静止的拍摄对象。

（4）光圈系数越小则光圈越＿＿＿＿＿＿。

（5）快门 1/125s 的速度要比 1/100s＿＿＿＿＿＿。

（6）安全快门 =＿＿＿＿＿＿。

（7）影响景深的三个因素分别是＿＿＿＿＿＿、＿＿＿＿＿＿、＿＿＿＿＿＿。

（8）为了获得准确的色彩,在阳光下拍摄应该选用＿＿＿＿＿白平衡预设档。

（9）在拍摄夕阳时,为了获取偏红的色调效果,应该选用＿＿＿＿＿白平衡预设档。

（10）在阴天下拍摄雪景,为了获取偏冷的色调效果,应该选用＿＿＿＿＿白平衡预设档。

（11）专业的照片格式是＿＿＿＿＿＿。

2．课后作业

（1）利用快门的原理和创作技巧,创作夜景摄影、追随拍摄、爆炸效果、星轨摄影、滴水皇冠等摄影作品。

（2）在画质中选择 RAW+JPG 格式,拍摄一张严重曝光过度的照片,并在课后用 Camera Raw 或者 Lightroom 等软件对照片亮度进行校准,观察曝光过度区域的细节是否依然保留。

3．课堂实操题

（1）分别用自动对焦与手动对焦各拍摄一张照片,把照片放大之后,观察和分析两张照片的焦点是否清晰。

（2）调整光圈系数,找出最大光圈和最小光圈系数分别是多少。

（3）调整快门系数,找出最高速的快门与最低速的快门的速度分别是多少。

（4）根据快门的原理和运用技巧,创作光绘摄影作品。

（5）分别用 ISO 100 与 ISO 3200 拍摄照片,要求曝光准确。然后对比两张照片的快门系数与光圈系数的不同,并放大照片进行观察,找出噪点多的一张。

（6）分别用表 2-1 中的其中两组参数拍摄照片，观察两张照片的亮度是否一样。

（7）用点测光与评价测光模式分别拍摄一张照片（照片的内容是黑板、屏幕、墙壁）。

拍摄过程中调整参数，观察曝光量指示标尺，当下部白点移动到中间时进行拍摄，然后仔细观察两张照片的曝光是否准确，并分析两张照片亮度不一样的原因。

（8）利用白平衡控制原理分别拍摄出色调准确、偏冷、偏暖色调的照片各一张。

（9）用手动白平衡拍摄一张照片，要求曝光、对焦、色调均准确。

（10）选择"用户自定义"照片风格，把锐度和饱和度调到最低，其他参数不变，拍摄一张照片；然后把锐度和饱和度调到最高，其他参数不变，拍摄一张照片，比较这两张照片在锐度与饱和度上的差别。

4．项目实操题

（1）综合调整快门、光圈、ISO 三个参数，分别在亮度高的和亮度低的区域（室内与室外）各拍摄一张照片，要求曝光准确。

（2）利用景深控制原理拍摄虚背景的人像和花卉照片各一张，要求曝光和对焦均准确，并有一定的艺术表现力。

第3章 摄影艺术

本章学习目标

- 了解构图的含义与画面构成的元素；
- 掌握构图基本规律、基本形式、基本技巧；
- 掌握人像与风光摄影的构图方法与技巧；
- 了解光线的特性；
- 掌握光线运用的技巧。

掌握基本的摄影技术之后，还要掌握摄影的艺术表现技巧，技术与艺术相互结合，才能创作出优秀的摄影作品。

摄影艺术主要是指构图和用光。学会运用专业的构图方法与用光方法，让画面的构图更加艺术化，让作品中的光线、光色更加有艺术感染力，从而创作出更加有艺术表现力的作品。

3.1 摄影构图

3.1.1 构图的含义

摄影构图，就是通过变换拍摄位置与角度，合理组合画面元素，构成和谐的摄影画面。在创作中，主要通过变换位置与角度以及调整画面元素这两种手段，实现完美的构图。

1. 变换拍摄位置与角度

拍摄风光或者人像作品时，变换拍摄位置与角度，拍摄主体与环境在画面中会呈现不同的造型。比如拍摄天安门城楼，正面拍摄，城楼的主线条就是水平直线，如图 3-1 所示；而前侧面拍摄，城楼的主线条变成了斜线，如图 3-2 所示。由于调整了拍摄的位置，天安门

图 3-1　正面拍摄

图 3-2　前侧面拍摄

>>>>>>>>>

城楼在画面中呈现的线条有很大的差别。此外,低角度拍摄或者选用航拍的高角度拍摄,形成的画面也有很大的差别。低角度拍摄城楼显得更加雄伟,而高角度拍摄的画面视域辽阔,视觉更有新鲜感。

2. 合理组合画面元素

在摄影创作中,有时候画面元素可以移动,比如拍摄静物或者商品时,主体以及陪体都可以移动,这时,合理组合拍摄主体以及陪体,可以形成更加完美的画面,如图 3-3 所示。

图 3-3　调整主体及陪体的位置

3.1.2　摄影画面的元素

摄影画面的元素有两种,一种是实体元素,另一种是基础元素。

实体元素包括主体、陪体、背景、前景、留白,如图 3-4 所示;基础元素包括光线、影调、色彩、线条,如图 3-5 所示。

图 3-4　摄影画面元素

图 3-5 画面中的线条

1. 主体

主体是画面要表现的主要对象,是构成画面的主要组成部分。主体不但是画面内容的中心,也是画面结构的中心,其他景物都要围绕它配置且与它关联呼应,形成一个统一的整体,可以是一个对象,也可以是一组对象。既可以表现一个人,也可以表现一个事物,甚至是一个故事情节。突出主体是摄影构图的基本要求。

突出主体的方法有很多,常用的有:利用虚实关系突出主体,利用色彩突出主体,利用视觉中心突出主体。

(1)利用虚实关系突出主体。把背景虚化,有利于把视觉的中心引导到清晰的主题上,突出了主体,如图 3-6 所示。

(2)利用色彩突出主体。在摄影作品中,醒目的色彩可以让主体更加突出,如图 3-7所示。

图 3-6 利用虚实突出主体

图 3-7 利用色彩突出主体

（3）利用视觉中心突出主体。视觉中心是指人的视野在一个平面上的中心点，这个中心点并不是在画面的中央位置，通常是在中央偏上方的位置。在摄影中，常常把主体放在视觉中心的位置以便使其显得突出，如图3-8所示。

2．陪体

陪体用来烘托主体，并作为主体的陪衬，同时可以辅助表达摄影主题。陪体有说明、引荐、美化的作用。陪体不能喧宾夺主。

3．背景

背景是指处于主体后面并衬托主体的景物。背景的主要作用在于说明主体所处的环境，突出主体形象，丰富主体的内涵。背景与陪体一样，不可以太过抢眼，只可以用作陪衬、烘托主体的配角，否则就无法达到突出主体的目的。

图 3-8　利用视觉中心突出主体

4．前景

前景是指处于主体前面，作为环境的一个组成部分，对主体起烘托作用的景物。有效地利用前景可以加强画面的空间感，并对主体起到补充说明的作用。

前景的主要作用如下。

（1）用于显出景物的立体空间感和景物的深远感，增强画面的纵深感和空间感，使画面更有层次。

（2）用于交代环境、季节、天气，增加图片的信息量，并衬托主体。

（3）用于丰富画面的内容。

选用前景的方法如下。

（1）前景不应位于画面中的主要位置，应避开视觉中心点。

（2）前景的色调不应太鲜艳夺目。

（3）前景占画面的比例要适中，不宜太多。

如图3-9所示，画面中的右上角的树枝属于前景，前景画面的内容更加丰富，同时增强了画面的空间感。

5．留白

留白是指画面中没有任何实体元素的部分，如图3-10所示。留白可以让画面更有寓意，并留下更多的想象和鉴赏的空间。

3.1.3　构图的基本规律

规律是自然界和社会诸现象之间必然、本质、稳定和反复出现的关系，规律对事物发展具有很强的指导意义。因此，掌握构图的规律对摄影实践有很强的指导意义。

摄影构图基本规律主要有：平衡、黄金分割、简约三条基本规律。

<<<<<<<<<

图 3-9　利用前景构图

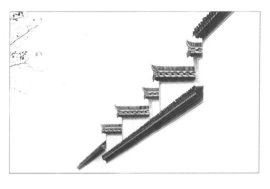

图 3-10　画面留白

1. 平衡

平衡也称均衡,就是在画面中形成左右或者上下平衡的画面关系,不要头重脚轻,也不要左重右轻,要在视觉上达成相对的平衡感。

平衡是一种心理概念,与对称有所不同,对称是由同形、同质、同量等形式达成绝对的平衡感,是一种形式层面的平衡。而平衡是一种内容层面的平衡,平衡感并不是完全由对称分布产生。对称是一种物理性的等量排列;平衡则是一种心理性的体验。

如图 3-11 所示,左边的荷花和右边的荷叶虽然不是绝对对称,但是相互呼应,画面达到了均衡。假设画面右边没有荷叶,那么画面就显得左重右轻,不均衡。图 3-12 所示作品的画面就不均衡,左重右轻,破坏了画面的美感。

图 3-11　平衡式构图

图 3-12　画面不平衡

在造型艺术中,平衡给人以平静和平稳之感,但又没有绝对对称的那种呆板、无生气,所以成为人们进行艺术创作的常用形式,平衡也成为构图的基本规律之一。

2. 黄金分割

黄金分割是一个数学的概念,它是古希腊数学家在进行线段分割中发现的一条具有美的价值的规律。黄金分割点的值约为 0.618,这个比例被公认为是最能引起美感的比例,因此被称为黄金分割点。在摄影构图中,常常将拍摄主体安排在黄金分割点或者黄金分割线上,以构成最和谐的画面,如图 3-13 所示。

黄金分割大量运用在摄影构图中,因此,成了摄影中一条常用的规律。

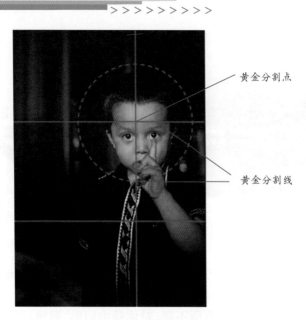

黄金分割点

黄金分割线

图 3-13　黄金分割构图

3．简约

简约是用简略的画面内容表达丰富的思想内涵。简约不是简单，而是化繁为简，以简驭繁，是有深度、有内涵的简单。

摄影画面忌讳繁杂，忌讳画面内容多而且杂乱。"摄影是减法艺术"，在摄影的构图中，应尽量避开自然界中杂乱的事物，选取简单的事物作为拍摄对象进行取景构图，以便构成简约的摄影画面。

在自然环境下进行创作，常常遇到杂乱无章的场景，要通过构图避开杂乱的画面元素，如图 3-14 所示，场景中既有仙人掌，又有桥和电话，如果所有对象都摄入画面中，画面很凌乱，不知道到底是在拍什么，要表达什么，主体不突出。在创作中，要避开杂乱的事物，简化拍摄的内容，通过变换角度和拍摄位置，以及调整焦距，实现画面的简化，如图 3-15 所示，画面变得简单，主体也更加突出。

图 3-14　繁杂的画面　　　　　　　图 3-15　简约的画面（1）

>>>>>>>>>

摄影中常用简约的构图手法进行构图,利用简单的画面元素表达出丰富的、深刻的内涵,因此,简约成了摄影构图中的一条重要规律。

画面的简约可以凸显摄影作品的美感。图 3-16 所示画面中有三种画面元素,分别为主体、陪体、背景,画面简洁、相映成趣,形成画面的美感。假设画面中出现很多小孩,地上还放着零散的、五颜六色的玩具,那么画面就显得杂乱,美感就会被破坏。

图 3-16　简约的画面（2）

3.1.4　构图的造型要素

构图造型要素是指实现构图的摄影要素,主要包括景别和拍摄角度。

1．景别

景别是指画面中呈现的视域范围。一张人像作品的画面中,如果呈现了人物全身的视域范围,则称为全景;画面中呈现了人物的半身,则称为中景。

景别包括远景、全景、中景、近景、特写,如图 3-17 所示。

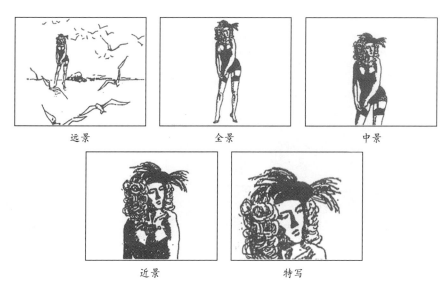

远景　　　　　　　全景　　　　　　　中景

近景　　　　　　　特写

图 3-17　五种景别

不同的景别呈现出不同的视域范围,令人产生不同的视觉感受。各种景别的差别如表 3-1 所示。

表 3-1　各种景别的差别

景别	视域范围	特　点
远景	人少景多	表现环境、强调整体、忽略细节
全景	全身	能表现人像与环境,两者兼顾
中景	膝盖以上	能表现脸部与身材,两者兼顾(最常用的景别)
近景	胸部以上	表现脸部
特写	局部	刻画细节

(1) 远景。远景是风光摄影中常用的景别,在人像拍摄中,在环境漂亮的外景拍摄才会采用远景构图,否则一般不用远景,因为远景是人小景多,对环境要求比较高。比如海边,环境简洁,常用远景拍摄人像。远景分大远景和小远景,如图 3-18 和图 3-19 所示。

图 3-18　大远景人像　　　　　　　　　　　　图 3-19　小远景人像

(2) 全景。全景是指人物的全身出现在画面中,在拍摄的环境比较好、拍摄对象的身材比较好时常用全景进行构图,如图 3-20 和图 3-21 所示。

图 3-20　全景人像 (1)　　　　　　　　　　　图 3-21　全景人像 (2)

>>>>>>>>>>

（3）中景。中景是指拍摄模特膝盖以上的部位,是人像拍摄的首选,既不会把拍摄对象脸部的缺陷表现得太明显,也不会把身材的缺陷表现得太明显,如图3-22和图3-23所示。

图 3-22　中景人像（1）　　　　　　　　图 3-23　中景人像（2）

（4）近景。近景是指拍摄模特胸部以上的部位,主要用于表现人物脸部的五官以及表情,如图3-24和图3-25所示。

图 3-24　近景人像（1）　　　　　　　　图 3-25　近景人像（2）

（5）特写。特写一般是拍摄模特肩部以上部位,如图3-26和图3-27所示。

图 3-26　脸部特写（1）　　　　　　　　图 3-27　脸部特写（2）

>>>>>>>>>

在摄影创作过程中,景别是首先要考虑的问题,到底要拍多大,取景范围的大小是决定构图好坏的首要因素。在确定景别之后,尽量能够按照景别的规律进行取舍,有以下几点是需要注意的地方。

(1)不要从关节处截取画面,比如脚踝、膝关节、腰、脖子,如图 3-28 所示,从腰部截取,有拦腰截断的感觉,影响画面美感。此外,尽量不要从小腿位置截取画面,如图 3-29 所示,小腿截取的人像既不属于全景,也不属于中景,构图不够美观。

图 3-28　从腰部截取的人像　　　　　　　图 3-29　从小腿截取的人像

(2)拍摄脸部特写时要留下巴,如图 3-30 所示。头顶可以不摄入画面,但是下巴要保留,没有下巴,感觉脸部不完整。

图 3-30　特写要留下巴

(3)一般情况下,常用的景别的截取规律如图 3-31 所示,绿色代表可以截取的部位,

红色代表不可以截取的部位。

2．拍摄角度

拍摄角度包括两方面，一是拍摄方向，二是拍摄高度。

（1）拍摄方向。拍摄方向包括正面、前侧面、侧面、后侧面、背面，如图 3-32 所示。

图 3-31 景别的截取规律

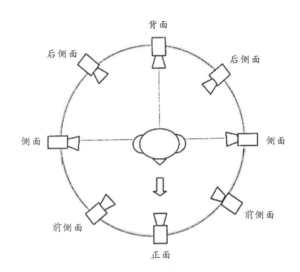

图 3-32 拍摄方向

各个拍摄方向有不同的特点，如表 3-2 所示。

表 3-2 各个拍摄方向的特点

拍摄方向	特 点
正面	五官被平面化，层次感弱
前侧面	层次感强（最常用的拍摄角度）
侧面	刻画轮廓
后侧面与背面	含蓄，引发想象

① 正面拍摄。正面拍摄主要表现拍摄主体的正面形象，容易形成对称式构图，常用于比较庄重、严肃的场合。正面可以体现庄重、稳定的镜头含义，如图 3-33 所示。正面拍摄的缺点是画面缺乏层次感，如图 3-34 所示，人的五官几乎在同一平面上，缺乏立体感。

② 前侧面拍摄。前侧面拍摄主要表现拍摄主体的前侧面，一般用于表现人物形象，这个角度透视效果明显，层次感强，画面显得生动、活泼，是摄影创作中的首选角度，如图 3-35 和图 3-36 所示。

前侧面拍摄与正面拍摄相比，前侧面拍摄的角度能使人的五官形成近大远小的透视关系，形成层次感与立体感，而正面拍摄缺少层次与立体感，人物显得过于平面化，如图 3-37 所示。

>>>>>>>>>

图 3-33　正面拍摄（1）　　　　　　　　　　图 3-34　正面拍摄（2）

图 3-35　前侧面　　　　　　　　图 3-36　前侧面(《凯莉丝的裸体》，爱德华·韦斯顿)

图 3-37　前侧面拍摄与正面拍摄效果的对比

③ 侧面拍摄。侧面拍摄的主要作用是刻画轮廓。人侧面的轮廓比正面的轮廓更具有美感,因此一般在表现人像的轮廓时常用这个角度,在创作逆光的作品时也经常使用这个角度。如图 3-38 所示,作品充分表现出了人体侧面优美的轮廓;如图 3-39 所示,刻画了军人侧面的轮廓,表现了军人伟岸的身姿。

图 3-38　侧面（1）

图 3-39　侧面（2）

④ 后侧面与背面拍摄。这个拍摄角度主要表现含蓄的镜头含义,能引发读者联想。如图 3-40 所示,让人联想到浓浓的父子情义;如图 3-41 所示,含蓄地表现了女性人体的优美。

图 3-40　电影《父子》海报

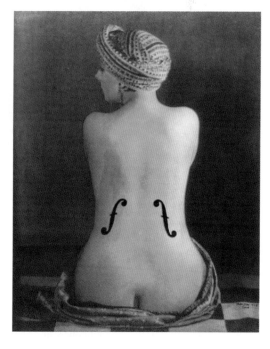

图 3-41　《安格尔的小提琴》（曼·雷）

（2）拍摄高度。拍摄高度是指摄像机镜头与被摄主体在垂直平面上的相对位置。拍摄的高度包括平拍、俯拍、仰拍三种,如图 3-42 所示。

图 3-42　拍摄高度

① 平拍。平拍角度给人一种亲切、自然、客观的视觉感受,是摄影创作中使用最多的拍摄高度,如图 3-43 和图 3-44 所示。

图 3-43　平拍人像

图 3-44　平拍风光

② 俯拍。在风光摄影中,俯拍角度可以居高临下,视域宽广,如图 3-45 所示。

在人像拍摄中,俯拍容易把人变矮,五官被挤压,如图 3-46 所示。

在使用俯拍角度时,为了避免五官被挤压,模特脸部尽量与照相机焦平面平行,如图 3-47 所示。

③ 仰拍。仰拍角度可以带来强调、夸张的效果。在风光摄影中,仰拍角度可以让拍摄对象显得高大雄伟,如图 3-48 所示。拍摄人像时,可以让拍摄对象显得高大,但是人的腰和脖子会显得粗大,下巴也会显得肥大,如图 3-49 所示。在拍摄人像中,慎用低角度仰拍,如果要用仰拍的角度,模特脸部尽量与照相机焦平面平行,同时,尽量不要拍摄半身或者更小的景别。

图 3-45 俯拍风光

图 3-46 俯拍人像 (1)

图 3-47 俯拍人像 (2)

图 3-48 仰拍风光

图 3-49 仰拍人像

总体来说,平拍是比较好驾驭的一个角度,而俯拍和仰拍都存在一些创作上的缺陷。如图 3-50 所示,平拍时脸部最自然;俯拍时,脸部变成了"尖嘴猴腮";仰拍时,脖子明显变粗,下巴上出现赘肉,五官也被挤压变形。因此,要慎用仰拍与俯拍角度,在使用这两种角度时,要注意避免这些缺陷,模特脸部尽量与照相机焦平面平行。

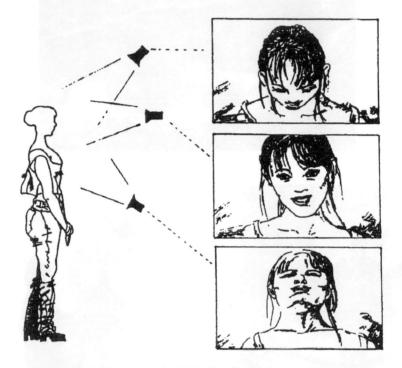

图 3-50　不同角度的拍摄使脸部产生不同的造型

3.1.5　构图的基本形式

构图形式有很多种,比如有黄金分割法构图、九宫格构图、三分法构图、对角线构图、水平线构图、垂直线构图、曲线构图、十字形构图、V 字形构图、C 字形构图、环式构图、三角形构图、放射式构图、框架式构图、对称式构图、重复式构图、开放式构图、极简构图等。对初学者来说,只要掌握最常用的构图形式即可。常用的有:黄金分割法构图、对角线构图、曲线构图、三角形构图、框架式构图、重复式构图、水平线构图、垂直线构图、极简构图。

1. 构图的基本形式

(1) 黄金分割法构图。黄金分割法构图是指把拍摄的主体安排在黄金分割线或者黄金分割点上的构图形式。利用这种形式构图的画面和谐自然,极具美感,如图 3-51 和图 3-52 所示。

(2) 对角线构图。对角线构图是指画面元素中形成对角线式的线条的构图形式。这种构图形式具有动感,有上升延展之势,如图 3-53 和图 3-54 所示。

(3) 曲线构图。这种构图形式活泼、轻快,能够体现出生命的韵律感,有利于表现线条向画面深处的延伸。在拍摄长城、河流、小路时往往采用这种构图形式;在人像摄影中也常常会采用曲线构图,如图 3-55 和图 3-56 所示。

图 3-51 《鹤影》(孙家勇)

图 3-52 《搏斗》(陈复礼)

图 3-53 《大漠驼影》(范小林)

图 3-54 《擒获—鹞》(王建国)

>>>>>>>>

图 3-55　曲线构图（1）　　　　　　　　图 3-56　曲线构图（2）

（4）三角形构图。三角形构图是以三个视觉中心为景物的主要位置，有时是以三点成几何面构成来安排景物，形成一个稳定的三角形。这种三角形可以是正三角，也可以是斜三角或倒三角，其中斜三角较为常用，也较为灵活。三角形构图具有安定、均衡但不失灵活的特点，如图 3-57 和图 3-58 所示。

图 3-57　《蜂虎》（石城）　　　　　　　图 3-58　三角形构图

（5）框架式构图。框架式构图是利用与主题表现相关的景物作为前景，帮助进行主题的表现，如图 3-59 和图 3-60 所示。

图 3-59　框架式构图（何藩）　　　　　　图 3-60　框架式构图（马克·吕布）

（6）重复式构图。重复式构图是利用同样或者类似的一种画面元素的重复出现,使得主题的表达更加充分,并给观看者留下深刻的印象,这种构图在商品摄影中会常常用到,如图 3-61 和图 3-62 所示。

图 3-61　《万马奔腾》(何炳刚)

图 3-62　重复式构图

（7）水平线构图。水平线构图给人平静、安宁、舒适、稳定的感觉,一般情况下拍摄的都是横画幅,比较适合场面大的风光拍摄,会让人产生旷远的视觉感受,如图 3-63 和图 3-64 所示。

图 3-63　水平线构图（1）

图 3-64　水平线构图（2）

（8）垂直线构图。垂直线构图主要强调被摄对象的高度和纵向气势,多用于表现深度和形式感的画面,给人一种平衡、稳定、雄伟的感觉。这种构图方式应注意画面的结构布局,疏密要有度,使画面更有新意而且更有节奏,如图 3-65 和图 3-66 所示。

（9）极简构图。将一幅画面或场景剥离到只剩下最少的元素,画面干净、整洁,主体极为突出,画面大片留白,是一种令人感到耳目一新的构图方式,如图 3-67 和图 3-68 所示。

2．构图形式的运用

（1）加强理论学习。熟练掌握常用的构图形式,做到谙熟于心。在摄影创作中,有时没时间去思考,往往是抓拍,那么在构图时做的决定只有一刹那,在这种情况下,是用你的潜意识去指导构图。要形成这种潜意识,必须熟练掌握各种构图的形式,熟能生巧。

图 3-65　垂直线构图（1）　　　　　　　　　图 3-66　垂直线构图（2）

图 3-67　《稻子和稗子》（李英杰）　　　　　图 3-68　极简构图

（2）重视理论的指导意义。很多人认为,摄影是一门实践性很强的课程,但是不能过分强调实践而忽视了理论的学习。摄影很多时候要做策划,策划就需要理论的指导。比如拍摄的场景中有路有河流,那就应考虑用曲线构图;如果拍摄草原,要表现宁静的感觉,就用水平式构图;如果拍摄对象是三个,则考虑使用三角形构图。这些都充分说明理论的指导作用。

3.1.6　构图要诀

所谓要诀,就是指关键的窍门、重要的诀窍,这是构图中最重要的理论,包括如下三方面内容。

1．黄金点

黄金点是最和谐的点,也是视觉的中心,在创作中把主体放在黄金点上,有利于画面的美观与主体的表现,在摄影中常常使用这种手法。在人像摄影中,常常不把人像放在画面的中间,如图 3-69 所示;在拍摄风光时,常常把主要表现的对象放在黄金点上,如图 3-70 所示。

图 3-69　黄金点构图（1）

图 3-70　黄金点构图（2）

2．斜线

斜线是指拍摄的主体在画面中形成的主要线条，如图 3-71 和图 3-72 所示。

图 3-71　斜线构图（1）

图 3-72　斜线构图（2）

斜线是摄影构图中最常用的技巧之一。在摄影创作中，常常有意去制造斜线，比如在拍摄桂林山水时，经常用渔船作为点缀，渔船的摆放则要以斜线出现，能产生灵活、运动、欢快的形式美感，视觉冲击力强，如图 3-73 所示；而直线的线条多数情况下会给人生硬、呆板的视觉感受，如图 3-74 所示。

图 3-73　渔船摆成斜线

图 3-74　渔船摆成横线

在人像摄影中,模特的姿势也常常以斜线作为标准,人的手部、腿部的姿势尽量摆成斜线,姿势更美观,如图 3-75 所示。

图 3-75　人像姿势中的斜线

3.前景

前景在构图中既能增加画面的层次感,还可以丰富画面内容、交代环境、烘托主体,是摄影创作中常常运用的构图技巧,特别是在拍摄风光作品中。增加前景,可以让画面增色。

（1）前景的重要性。前景往往是体现专业性的一个重要元素,学会使用前景是摄影者从拍照进阶为摄影的最佳途径,也是向摄影师水平高低的重要标志。如图 3-76 所示,这种普通的视角是任何一个游客都可以拍摄到的画面,是游客视角,缺少摄影的价值,因此不能称为摄影,只能称为拍照。如图 3-77 所示,照片利用了前景,画面显得更加考究,显然是经过思考之后拍摄出来的,体现出摄影的专业性,视觉上也比较新颖,因此照片更加有价值。

图 3-76　游客视角

图 3-77　摄影师视角

摄影师的价值在于,拍摄常人拍不到的照片,则必须利用摄影理论做指导,并在摄影中利用摄影构图的各种元素精细打造画面。

美国著名摄影师亚当斯的作品充分利用了前景进行构图,如图3-78所示,他利用枯木作为前景,利用得恰到好处。假设没有了前景,那么这幅画面就变得很普通,成为普通人也能拍到的一张风景照,其价值也大大减少。而在图3-79中运用了石头作为前景,画面层次感大大增强,画面也丰富了。在这里可以看出来,在寻找前景的过程中,应当利用一切可以利用的元素,只要利用得当,花草树木皆可以成为前景。

图3-78 以枯木为前景　　　　　　图3-79 以乱石为前景

著名摄影师杜瓦诺拍摄过一幅经典作品,如图3-80所示,作品的名字叫《锁不住的爱情》,作品中的前景在表达主题上发挥了决定性的作用。如果把前景撤掉,那么这张照片的表现力将大打折扣,甚至变得一文不值。

在这张照片中,前景的作用主要有以下几点。

① 前景点明了时代背景。这张照片是在1943年拍摄的,当时正处于第二次世界大战时期,战争给社会带来了巨大的破坏,在这种战争背景下,爱情是奢侈的。然而就是在这种背景下,爱情依然在滋长,作品赞美了爱情的强大生命力。

② 前景产生了戏剧冲突。爱情是美好的,战争是残酷的;爱情是柔美的,铁丝网是冰冷无情的。一刚一柔,刚柔并济,前景让作品产生了巨大的张力。

③ 突出主题。铁丝网是爱情的枷锁,与作品名中的“锁”字相呼应,创作者把前景中的铁丝网比喻为一把锁,突出了爱情强大的生命力,呼应并突出了主题。

此外,在人像摄影中也常常用前景进行创作,如图3-81所示。前景在普通的人像摄影创作中发挥着非常大的作用,可以增加画面的层次感,产生含蓄的镜头寓意。

月亮是摄影者喜爱的一个拍摄题材,在月亮的创作中,如果单独拍摄一个月亮,画面就显得单调无趣,鉴赏价值大大减低,如图3-82所示。在拍摄月亮的题材中,前景成了表达主题的决定性因素,前景可以丰富画面,凸显画面的美感,点明拍摄地点,渲染意境,产生诗意,提高鉴赏的价值,如图3-83所示,前景中的胡杨树残缺的枯树枝,与残月遥相呼应,感染观者的情绪,产生诗意,触发观者思绪,产生想象。

> > > > > > > > >

图 3-80 《锁不住的爱情》(1943 年)

图 3-81 前景在人像摄影中的运用

图 3-82 单调的月亮

图 3-83 有前景的月亮

（2）如何找前景。在外景拍摄中，大部分场景都可以找到前景，主要通过以下两种方法。

① 降低角度。花草树木都可以作为前景，降低角度，利用花草作为前景。如图 3-84 和图 3-85 所示，两张照片拍摄的是同一个场景，但是两者的美感却相差甚远，在这里前景发挥了关键的作用。拍摄角度高的情况下，没有利用前景，图片毫无美感；但是在降低拍摄角度之后，有了花作为前景，使整个画面变得生动，同时美感也有了。

② 变换拍摄位置。在户外摄影中，任何事物都可以作为前景使用。在拍摄中要观察拍摄现场，变换拍摄位置，找到适合做前景的对象。如图 3-86 所示，拍摄柬埔寨的吴哥窟时，变换拍摄的位置，找到前景，照片的层次感更好，更有摄影作品的感觉。

图 3-84　无前景构图

图 3-85　降低角度找前景

无前景

有前景

有前景

图 3-86　变换拍摄位置找到前景

3.2　摄影用光

　　光线是摄影中最重要的一个造型元素。不同色温的光线,产生不同的色彩;不同角度的光线,产生不同的光影;不同光质的光线,产生不同的质感。掌握用光的技巧,可以给摄影创作带来无限的可能。光线是摄影创作中的决定性因素。

　　摄影光源主要分自然光源与人工光源,人工光源主要是在摄影棚中使用,有关室内布光的内容将在第 5 章中详述,此处主要讲述室外的摄影用光。

3.2.1 光源

光源主要分为如下两类。

1．自然光

自然光是指天然光源所发出的光,主要是太阳光,分为日光和天光两种。

（1）日光是指太阳直接放射出来的光线,为平行光束,它的方向性强,色温约为 5500K。

（2）天光是指太阳经过天空水汽、微尘等介质散射或反射的光线。其特点是方向不明显,色温高于日光。

自然光的特点包括以下几个方面。

（1）亮度高,照明范围广且比较均匀。

（2）光线的亮度、照射角度、距离远近、色温等不以创作者的主观意志为转移。

（3）光线的强弱随季节、时间、气候、地理条件的变化而变化。一天之内不同时期,太阳光的特征各不相同。

2．人工光

凡是用人造光源所发出的光线作为摄影照明用的光线都称为人工光。在摄影创作中,主要是指摄影闪光灯,如图 3-87 所示。

图 3-87　摄影闪光灯

人工光的特点包括以下两个方面。

（1）光线强度低、照度范围小,因而灯光与被摄物体的距离远近对照射范围与强度大小影响极大。

（2）光线的亮度、照射角度、距离与色温完全可以人工控制和调节。运用人工光,可以创造丰富的画面影调,可以随心所欲地利用不同光线塑造不同的人物形象,可以按创作者的艺术构想自由地进行创作。

3.2.2 光质

光质即是光的性质,分为硬光与软光。

1．硬光

硬光即指强烈的直射光,一般直接来自光源,中途没有经过其他介质干扰,具有明显

的方向性,能在物体上形成明显的受光面、背光面和影子。

在艺术表现上,硬光使物体边缘锐利,立体感强,反差大,对比强。如晴天的阳光,或者不加任何柔光设备的摄影闪光灯,都可以作为硬光使用。

硬光照射下,物体的影子十分明显,边界清晰,如图 3-88 所示。

2．柔光

柔光是指光源发出的直射光在传播过程中经过漫反射和漫透射后产生的光。柔光没有明确的方向性,在被照物上不留明显的阴影,是一种散射光,没有明显的方向性,在物体上不能形成明显的受光面、背光面和影子。

在艺术表现上,柔光使物体受光均匀、层次丰富、影调细腻柔和。如阴天的太阳光,或者带有柔光设备的摄影闪光灯,都可以作为柔光使用。

在柔光的照射下,物体的影子不明显,边界变得模糊,如图 3-89 所示。

图 3-88　硬光　　　　　　　　　　　图 3-89　柔光

3．光质的运用技巧

(1) 光质在风光摄影中的运用。在风光摄影中,硬光更能表现风光的层次。如图 3-90 所示,直射光的硬光照射下的上海外滩,建筑边缘锐利,立体感强,反差大;如图 3-91 所示,散射光的柔光照射下的上海外滩,层次感较差,立体感不强。

图 3-90　直射光下的风光　　　　　　图 3-91　散射光下的风光

>>>>>>>>>

（2）光质在人像摄影中的运用。在人像摄影中，硬光主要运用于男性的形象塑造，可表现男性的阳刚。如图 3-92 所示，硬光的运用更加凸显了该男子的阳刚之气。柔光主要运用于女性的形象塑造，表现女性的柔美。如图 3-93 所示，柔光的运用更加凸显模特的柔美。

图 3-92　硬光塑造男性的阳刚　　　　　图 3-93　柔光塑造女性的柔美

3.2.3　光位

光位是指光的位置。按光的方向分为顺光、前侧光、侧光、后侧光、逆光五种，如图 3-94 所示；按光的高度分为高位光、平位光、低位光、顶光、脚光，如图 3-95 所示。

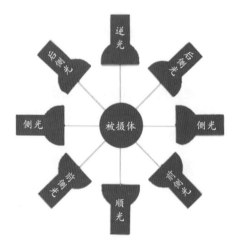

图 3-94　按光的方向分　　　　　　图 3-95　按光的高度分

1. 按光的方向划分

（1）顺光。顺光也叫作正面光，是指光线的投射方向与拍摄方向相同的光线。

优点：顺光时，被摄体受到均匀照明，景物的阴影被景物自身遮挡住，影调比较柔和。能拍出被摄体表面的质地和带来较好的色彩还原，如图 3-96 所示。

缺点：不利于在画面中表现大气透视的效果，表现空间立体感的效果也较差；反差很小，层次感比较差，画面平面化，如图 3-97 所示。

图 3-96 顺光（人像）

图 3-97 顺光（风光）

（2）逆光。逆光是指从被摄主体的后面正对镜头照射来的光线。被摄主体恰好处于光源和照相机之间，逆光是一种体现拍摄主体线条的光，突出主体的轮廓。

优点：产生超强的艺术表现力，作品极具艺术表现的张力，具有极强的空间透视感，如图 3-98 所示。

缺点：被摄主体曝光不充分，如图 3-99 所示。

图 3-98 逆光（人像）

图 3-99 逆光（风光）

（3）侧光。侧光是指来自被摄主体左侧或者右侧的光线，并且光线的照射方向与拍摄方向成 90° 左右的角度。

优点：明暗反差强烈，有很强的立体感和层次感，如图 3-100 所示。

缺点：明暗反差强烈，适合表现男性的阳刚，不太适合表现女性，如图 3-101 所示。

图 3-100 侧光（1）

图 3-101 侧光（2）

（4）前侧光。前侧光也称为 45°侧光，是指来自被摄主体左侧或者右侧的光线，并且光线的照射方向与拍摄方向成 45°左右的角度，是摄影照明中最常用的一个角度。

优点：能够很好地表现主体的线条和主体的质感。同时明暗的反差适中，男女皆宜。具有较好的层次感，影调丰富，如图 3-102 和图 3-103 所示。

缺点：这种光线比较符合人们日常生活中的视觉习惯，但是主体不突出。

图 3-102　前侧光（人像）　　　　　　　　图 3-103　前侧光（风光）

（5）后侧光。后侧光也称为侧逆光，是指来自被摄主体左侧或者右侧的光线，并且光线的照射方向与拍摄方向成 135°左右的角度。与逆光相似，都是从被摄主体的背面向镜头照射过来的光线，但是侧逆光是从主体的左右两侧的方向照射过来的，并不是正对镜头。

侧逆光的优缺点与逆光极其相似，比较大的差别在于：侧逆光既表现轮廓又对线条有一定的表现力，而逆光重在表现和强调轮廓。

在人像摄影中，采用侧逆光照明，被摄者面部和身体的受光面只占小部分，阴影面占大部分，所以影调显得比较沉重。采用这种照明方法，被摄者的立体感比顺光要好，但影像中阴影覆盖的部分立体感仍较弱。常常需要用反光板及电子闪光灯等辅助照明灯具适当提高阴影面的亮度，修饰阴影面的立体层次，改善阴影部分的立体感，如图 3-104 所示。

侧逆光的特点是：拍摄对象形成"明少暗多"的照明效果，被照明的一侧有一条状的亮斑，能很好地表现被摄对象的立体感，层次丰富。在外景摄录时，这种照明能较好地表现大气透视效果。在拍摄人物中近景和特写时，有时做主光用，有时做修饰光用。侧逆光照明具有很强的空间感，画面调子丰富，生动活泼，如图 3-105 所示。

侧逆光是最有特点的一种光线，能产生很强的艺术表现力，因此，摄影界称之为"专家用光""专业照明"。

2．按光的高度划分

（1）高位光。高光位是指光源高于拍摄主体的一种光线。与顶光不同的是，高位光与拍摄主体会形成一定的角度。

高位光是最自然、最符合人类视觉的一种光线，因为太阳光以及室内的灯光都是高位光，高位光符合人类的视觉习惯，因此在布光中常常使用高位光作为主光。比如美人光（见图 3-106）、伦勃朗光（见图 3-107）以及环形光（见图 3-108）。

<<<<<<<<<<

图 3-104 侧逆光（1）

图 3-105 侧逆光（2）

图 3-106 高位光（美人光）

图 3-107 高位光（伦勃朗光）

图 3-108 高位光（环形光）

（2）平位光。平位光是指光源与拍摄主体基本平行的一种光线,这种光线在人像中使用得比较多,光线能很好地刻画人物的形态,比较符合大众的审美,常常用来做辅助照明的光线。

（3）低位光。低位光是指光源低于拍摄主体的一种光线。这种光线看起来很不自然,一般不作为主光使用,常常用来做辅助光,可消除下巴和鼻子下面的影子。

（4）顶光。顶光的光线来自被摄物体的正上方,如正中午的阳光。顶光会使人物脸部产生不美观的浓重阴影,通常不用于人像塑造,如图 3-109 所示。

（5）脚光。脚光的光线来自被摄物体的下方,常用于丑化人物。脚光给人一种恐怖的感觉,所以也叫作"鬼光",如图 3-110 所示。

3．光位在风光摄影中的运用

在风光摄影中,不同的光位在画面中会产生不同的光线造型,在画面的反差、层次感、细节表现、轮廓表现、艺术表现力五个方面有着不同的表现,如表 3-3 所示。

图 3-109　顶光

图 3-110　脚光

表 3-3　光位在风光摄影中的运用

光　位	画面反差	画面层次	细节表现	轮廓表现	艺术表现力	效果图
顺光	小	差	最好	最差	强	图 3-111
前侧光	适中	适中	适中	差	中	图 3-112
侧光	大	强	差	中	中	图 3-113
逆光（侧逆光）	最大	最强	最差	最强	最强	图 3-114

图 3-111　顺光（1）

图 3-112　前侧光（1）

图 3-113　侧光（3）

图 3-114　逆光（侧逆光）（1）

4．光位在人像摄影中的运用

在人像摄影中，不同的光位在人的脸部和身体上会产出不同的光线造型，从而塑造出不同的线条，产生不同的艺术表现力，如表3-4所示。

表 3-4　光位在人像摄影中的运用

光　位	画面反差	画面层次	细节表现	轮廓表现	艺术表现力	效果图
顺光	小	差	最好	最差	中	图 3-115
前侧光	适中	适中	适中	差	强	图 3-116
侧光	大	强	差	中	中	图 3-117
逆光（侧逆光）	最大	最强	最差	最强	最强	图 3-118

图 3-115　顺光（2）

图 3-116　前侧光（2）

图 3-117　侧光（4）

图 3-118　逆光（侧逆光）（2）

3.2.4　光比

光比是指被摄物暗面与亮面的受光比例。光比是摄影用光中的重要参数之一,对照片的反差控制有着重要意义。

画面照明平均,则光比为1:1;如亮面受光是暗面的两倍,光比为1:4;其他以此类推。在实际运用中,一般用光圈的参数进行计算,在快门与感光度参数不变的情况下,测出亮部的标准曝光的光圈参数为F11,暗部为F8,F11是F8的$\sqrt{2}$倍,光圈级差为1级,光比为1:2;亮部为F11,暗部为F5.6,F11是F5.6的2倍,光圈级差为2级,则光比为1:4。

光比的计算公式为:

$$光比 = 2^n\ (n\ 代表光圈级差)$$

级差是指光圈之间的等级差,比如F2.8与F2相差1级,F5.6与F2相差2级。

以F11作为基准参数,光圈之间的级差和光比如表3-5所示。

表3-5　光圈之间的级差和光比参数表

光圈	级差	光比	效果图
F11	0	1:1	—
F8	1	1:2	图3-119
F5.6	2	1:4	图3-120
F2.8	3	1:8	图3-121
F2	4	1:16	图3-122

图3-119　光比为1:2　　图3-120　光比为1:4　　图3-121　光比为1:8　　图3-122　光比为1:16

光圈的参数可以使用测光表,也可以使用照相机的点测光功能。反射式测光也能测量,并计算光比,但要注意白加、黑减。

🔧 技巧

光比大,反差就大,此时可以塑造阳刚、硬朗的人物形象。通常情况下,男性适合用大一些的光比,女性适合用小一些的光比,一般控制在1:4以内。

3.2.5　光型

光型是指光的类型,包括主光、辅光、背景光、轮廓光、修饰光五种。

1．主光

主光又称为塑形光，是指起主要照明作用的光。主光的位置随着布光方法的不同而改变，比如伦勃朗的主光和蝶形光的主光的位置是不同的，一般在侧位、前侧位、正面进行布置。

2．辅光

辅光又称为补光，是指起辅助照明作用的光，用来提高由主光产生的阴影部亮度，揭示阴影部细节，减小影像反差。辅光的位置也是随着布光方法的不同而改变，辅光一般是在前侧位或者正面，有时可以不用辅灯。

3．背景光

背景光是指照亮背景的光线。灯光位于被摄者后方，对着背景方向照射，用来增大背景的亮度。在摄影棚中，如果是黑色背景，不需要使用背景光。背景灯的位置一般是在模特后侧位，有时候用一盏背景灯，有时候用两盏背景灯，如图3-123所示。

4．轮廓光

轮廓光是指用于勾画被摄体轮廓的光线。逆光、侧逆光通常都用作轮廓光，主要从模特背面或者后侧面往照相机方向打光，可以在三个位置打轮廓光，最准确的轮廓光是在模特的背面打光，模特的边缘会出现一圈白边，如图3-124所示。但是有时候模特是活动的，放在模特后面的背景灯就会"露馅"，因此，常用的轮廓光是在模特的后侧位打光，可以选用一盏，也可以选用两盏，根据需要决定，布光的方法如图3-125所示。轮廓光是最有艺术表现力的一种光线，既可以增加画面的层次感和立体感，又有美化脸形的效果，如图3-126所示。

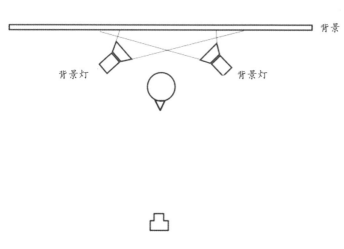

图3-123　背景灯布灯方法

图3-124　中间轮廓灯效果

5．修饰光

修饰光又称为装饰光，用于修饰被摄物体的局部的光线，如发光、眼神光、工艺首饰的耀斑光等。随着数码摄影的兴起，这些光的效果基本都可以在后期中实现，因此，在前期拍摄中很少使用修饰光。

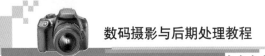
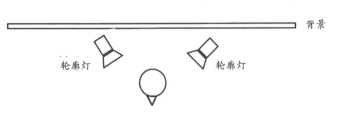

图 3-125　轮廓灯布光方法

图 3-126　两侧轮廓灯效果

3.2.6　光度

光度是指光线经过被摄物体的反射到达底片的光线强度。受三个因素的影响,分别是光源的强度、光源与被摄体之间的距离、被摄体的反光度。光线的强度随着光源输出量的大小、光源到物体的距离而产生变化。此外,被摄体的反光度越高,则光度就越大;反之就越小。

3.2.7　光色

光色是指光的颜色。初升的太阳与夕阳是红色,蜡烛发出的光是红色,钨丝灯发出的光是黄色,而中午的太阳光是白色。光色决定了光的冷暖感,不同的光色会产生不同的视觉感受,产生不同的艺术表现力。

光色一般用色温衡量,有关色温的知识,在本书的 2.4.3 小节中已有详述。

3.3　练　习　题

1. 填空题

(1) 在人像摄影中,_____是最常用的景别。

(2) 摄影光源分为_____和_____。

(3) 光质分为_____和_____。

(4) 最讲究的光位是_____,被称为"专家用光"。

(5) 最讲究的光型是_____,具有极强的艺术表现力。

(6) 在人像摄影中,_____是最常用的光位。

2. 简答题

(1) 摄影画面的元素包括哪些?

(2) 突出主体的方法有哪些?

（3）构图的基本规律主要有哪些？

（4）什么是摄影景别？景别包括哪几种？

（5）摄影角度包括哪几种？

（6）构图的基本形式主要包括哪些？

（7）光位包括哪几种？最常用的光位是哪种？

（8）光比的计算公式是什么？

（9）光型包括哪几种？

3．课堂实操题

（1）拍摄两张人像摄影作品，一张主体放在中间，一张放在黄金分割线上，并进行比较。

（2）拍摄两张风光摄影作品，一张有前景，一张无前景，并进行比较。

（3）拍摄两张风光摄影作品，一张为水平线构图，一张为斜线构图，并进行比较。

（4）拍摄两张人像摄影作品，一张是中景，一张是全景，并进行比较。

（5）拍摄两张人像摄影作品，一张为顺光，一张为逆光，并进行比较。

4．项目实操题

（1）拍摄逆光或侧逆光人像作品各一张，并进行后期处理。

（2）运用构图的技巧拍摄风光摄影作品一张，并进行后期处理。

第4章 摄影棚摄影

本章学习目标
- 掌握摄影棚设备及其使用方法；
- 掌握商业人像摄影的布光；
- 掌握商品摄影的布光。

在摄影创作中，很大一部分摄影创作是在摄影棚中完成的，包括婚纱摄影、电商摄影、产品摄影、广告摄影等，因此，了解摄影棚的相关知识，掌握摄影棚相关设备的使用方法，掌握摄影棚布光的方法和技巧，是摄影学习者必须掌握的知识和技能。

本章主要内容包括：摄影棚的设备及其使用、商业人像布光、商品布光。

4.1 摄影棚的设备及其使用

摄影棚是摄影创作的主要场地，大部分商业摄影都是在摄影棚中完成的。摄影棚最大的优点在于：摄影师可以按照自己的创作意图控制光源，包括光的亮度、角度、位置、光色等。摄影师完全可以根据主观构思和意图，运用各种布光技巧，去营造出赏心悦目的光影效果，实现更多的创意。在摄影棚中，摄影师拥有更多、更大的发挥空间。

4.1.1 摄影棚的设备

摄影棚的主要设备有闪光灯、背景架、反光板、灯罩、柔光箱、摄影台、灯架等，如图4-1所示。此外，还有计算机、引闪器、倒影板、硫酸纸、测光表、亮棚、遮光窗帘、化妆间等。

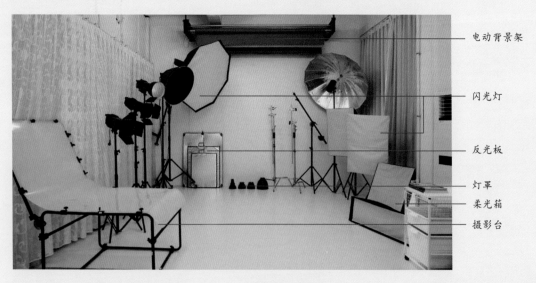

图 4-1　摄影棚及其设备

1. 影室闪光灯

影室闪光灯作为照明设备,是摄影棚中最重要的设备。闪光灯不同于平时的照明灯泡只发出持续的光线,闪光灯是瞬间发出强光,短时间进行照明。影室闪光灯如图4-2所示。

图 4-2 影室闪光灯

在实际运用中,可以根据需要安装不同的反光罩、柔光箱、柔光伞等,如图4-3所示。

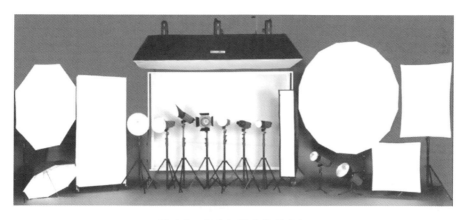

图 4-3 安装灯罩后的闪光灯

使用反光罩时,灯头前面没有任何柔光设备,发出的光线属于硬光;而安装柔光箱或者反光伞的闪光灯,发出的光线属于柔光。

(1) 闪光灯主要参数。闪光灯的参数主要有如下三个。

① 功率。功率即是闪光灯的输出功率,代表闪光灯的最大亮度。闪光灯的功率在闪光灯外壳上有标注,常用的闪光灯的功率一般是200W、400W、600W、800W,除此之外,还有功率更大的闪光灯。在人像摄影中,一般使用400W的闪光灯。

② 色温。闪光灯的色温大概是5500K,接近日光的色温,在使用闪光灯照明时,可以在照相机中选用"日光"白平衡进行拍摄。

③ 回电时间。回电时间是衡量闪光灯性能的一项重要指标,回电时间可以理解为充电时间,闪光灯在每次闪光之前要先进行充电,充电所需要的时间就是回电时间。回电时间的长短会影响摄影创作,如果回电时间长,那么每两次曝光之间要等待的时间就长,影响拍摄的节奏,因此回电时间是越快越好。不过闪光灯的回电时间与输出功率是成正比的,输出功率越大,回电时间越长。比如一盏输出功率为400W的闪光灯,输出功率为

200W 时比输出功率为 400W 时的回电时间要快。此外,闪光灯回电完成时,都会有 "嘀" 的蜂鸣提示音。

（2）闪光灯的界面与功能。

① 闪光灯的界面。闪光灯的界面如图 4-4 所示。

图 4-4　摄影闪光灯界面

- 闪光灯管——拍摄时的闪光是从这一圈灯泡中发出的,这是一种氙气灯管,高压大电流通过氙气灯管瞬间放电,产生强闪光。
- 造型灯泡——发出的一般都是黄光。它的作用主要有两个,一是让摄影师观察光线的效果;二是给照相机对焦提供光源。造型灯泡在闪光时会自动关闭,对曝光不产生任何影响。
- 附件释放按钮——安装灯罩、柔光箱等附件时的释放按钮。

② 闪光灯的功能按钮。闪光灯的功能按钮如图 4-5 所示。

图 4-5　闪光灯的功能按钮

- 功率调节——调节闪光灯的输出功率。
- 造型灯泡 / 蜂鸣按钮——造型灯泡长时间使用会产生高温,而且比较耗电,完成布光之后可以关闭。蜂鸣声指的是完成回电的提示音,可以关闭。
- SYNC 插口——指的是引闪器的插口。

（3）闪光灯的使用。在使用过程中,闪光灯依靠引闪器进行引闪。引闪器可以实现照相机与闪光灯的信号连接,在按下照相机快门按钮的同时,引闪器可以发射和接收引闪

信号，从而触发闪光灯闪光。

2．引闪器

闪光灯的引闪方法有多种，可以是有线或无线。各个品牌研发出来的引闪器都有所不同，但是主要的功能是一样的，都是在按下照相机快门按钮时触发闪光灯同步闪光。下面以其中一款引闪器为例介绍引闪器的功能。

引闪器包括两部分，一部分是发射器，另一部分是接收器，如图4-6所示。发射器安装在照相机热靴（固定接口槽）上，如图4-7所示；接收器安装在闪光灯上，如图4-8所示。连接好设备后，调节发射器与接收器的信号通道，当两者信号通道相同时，就可以引闪。

① 电源插头

② 同步插头

③ 通道拨码

④ 信号指示灯

⑤ 测试按钮／电源开关（长按）

⑥ 电源插座

图 4-6　引闪器及其按钮功能

图 4-7　安装发射器

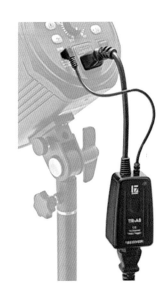

图 4-8　安装接收器

3．闪光灯的附件

闪光灯的附件主要包括灯罩、柔光箱、栅格、蜂巢、色片、灯架等。

（1）灯罩。灯罩包括反光罩、四叶档光板与滤色片、雷达罩、斜口罩、束光筒等，如图4-9所示。这些灯罩在不加柔光设备的情况下反射强烈，反射出来的光线都属于硬光。

>>>>>>>>

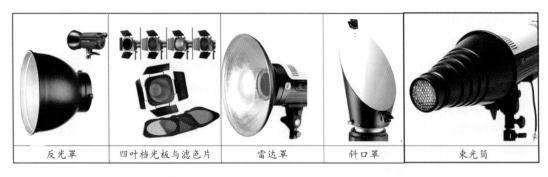

| 反光罩 | 四叶档光板与滤色片 | 雷达罩 | 斜口罩 | 束光筒 |

图 4-9　灯罩

① 反光罩。反光罩是最常用的设备,通常情况下,购买摄影棚灯时都会附带一个标准尺寸的碗形反光罩,这是最基本的一种灯罩。与雷达罩类似,碗形反光罩也拥有多种尺寸,并因尺寸的不同而投射出不同直径、不同深度的光线。然而,不同于雷达罩的是,这种反光罩所发出的光线是一种直接的、偏硬的光,类似于太阳光。可以看到它在模特的脸部创造出了强烈的阴影对比。这种柔光工具的好处就是它的直径比较小,能够制造一些阴影效果。在使用过程中如果想让光线柔化,可以通过在内部使用白色的内衬或者安装蜂窝格栅进一步柔化光线。

反光罩中最常用的是标准罩,标准罩灯罩外壳的倾斜角度为 55°,除此之外,还有45°、65°、70° 等类型。

② 四叶档光板与滤色片。四叶档光板与滤色片主要是用于打造红、黄、蓝三种颜色的光线,一般在时尚摄影中常常用到。

③ 雷达罩。雷达罩又被称为美人罩,这种工具能够帮助产生一种反差较大却又不会对比过度的光线,并且模特脸部高光部分的细节也能够得到很好的还原。它常常被用于一些严肃的人像摄影,特别是时尚摄影。

雷达罩有两种,一种是内部为银色的,另一种是内部为白色的。两者的差别在于,银色雷达罩反射出的光线要硬一些,并且反差比白色雷达罩明显,相应地,白色雷达罩所投射出的光线则更柔和。

此外,雷达罩也有多种尺寸可供选择,比较经典的是 40cm、56cm 和 70cm。雷达罩的尺寸越大,其投射出的光线面积就越大,柔化阴影的能力也就越强。

雷达罩使用起来并不复杂,大多数雷达罩都是金属材质,主体为一个大型的碟状金属罩,内部还有一个小型的圆盘,它可以将光线反射到雷达罩的主体部分,然后再投射到模特身上,这样一来光线就不会直射到模特,而且雷达罩还能创造出美妙的眼神光。

为雷达罩安装上额外的蜂窝状格栅,不但能起到柔光作用,还能使光线更好地集中到拍摄主体上,并控制光线溢出,避免光线照射到背景上。

雷达罩照射面积大,主要用作主光灯。

④ 斜口罩。斜口罩主要用于打造渐变背景光时使用。

⑤ 束光筒。束光筒主要用于减小光源的照射面积,用于局部布光,其特点是把光线集中成一束,常用来打亮侧面局部。

在使用束光筒时,常常会在束光筒前面增加蜂巢,蜂巢的特点是仿效树林中透射的光线,光源面积小,照射强度大,层次十分丰富,光比大。使用束光筒蜂巢,可以让光线更加

＜＜＜＜＜＜＜＜＜

有层次感、立体感,拍摄时尚个性的男女人物时效果比较明显。

（2）柔光附件。闪光灯的光质很硬,在使用的过程中常常要增加柔光箱与柔光伞。柔光箱的种类有很多,有八角的、长条的、不同尺寸的长方形的,如图4-10所示。

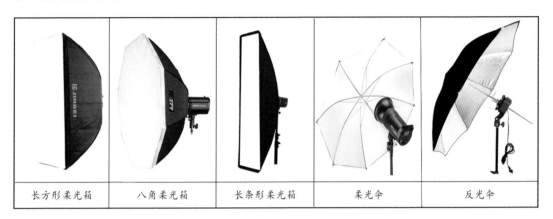

| 长方形柔光箱 | 八角柔光箱 | 长条形柔光箱 | 柔光伞 | 反光伞 |

图 4-10　柔光附件

① 柔光箱是最经典的一种柔光工具,我们不仅能够在专业的人像摄影中见到它的身影,而且在一些静物、玩具摄影中也常被用到。它们有各种尺寸、各种形状,包括正方形、长方形甚至多边形。柔光箱的主要作用是通过前部的一片或多片扩散片柔化光线,其内部多使用银色布以达到增加光线输出强度的目的。柔光箱可以做到很大的尺寸,并且也可以通过格栅精确控制光线。最常用的是 90cm×60cm 的规格,这种尺寸的柔光箱可以提供最佳柔化效果,而且这个尺寸非常适合照相机与模特的距离。

② 长条形柔光箱是一种长度远大于宽度的柔光箱,因而其投射出的光线也是长条形的,比普通方形柔光箱更容易打亮阴影部分,通常作为辅助照明用。长条形柔光箱可以很好地控制亮部的宽度,在产品摄影中常常用到。

③ 柔光伞是常用的摄影用具。伞面是一层白布,光线透过白布之后再照射到被摄物体上。柔光伞使光线产生漫射,当光线经过白色布面后,光线被进一步柔化,起到柔化光线的效果。消除或减弱灯光阴影,可以使被摄物体看上去柔和而细腻。柔光伞与柔光箱极为相似,它们的原理相同,均是在闪光灯前挡住一层白色尼龙或棉布面料。

④ 反光伞与柔光伞使用的制作材料不同,反光伞用银色反光材料制成,光线到达伞面,经过反射之后再照射到被摄物体上。银色一面用来反光,创造反差更大、光质更硬的光线。反光伞比柔光伞的光线更硬,用来拍摄高反差、明暗对比明显的照片。

柔光伞与反光伞的尺寸较多,从 75cm 到 1.8m 各种尺寸都有,比较常用的是 95cm 的规格。柔光伞与反光伞的最大优势在于它们能够被快速取用,折叠起来又不会占用太多空间。

除了以上4个独立使用的柔光设备之外,还有另外两种柔光设备,即栅格与蜂巢,这两种设备一般要借助前面的灯罩或者柔光箱使用,如图4-11和图4-12所示。

（3）灯架。灯架是用于固定闪光灯的设备,还可以用来搭建背景支架。灯架有两种:一种是普通灯架,如图4-13所示;另一种是带有悬臂的灯架,这种灯架是用来布置顶光或者高位光的,为了保证平衡,一般在另一端挂上沙袋或者红锤,如图4-14所示。

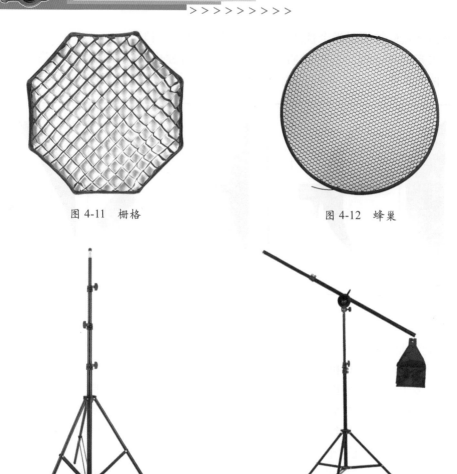

图 4-11　栅格

图 4-12　蜂巢

图 4-13　普通灯架

图 4-14　悬臂灯架

4．电动背景架

背景架一般安装在天花或者墙壁上，是一种用于安装背景布或者背景纸的设备，常用的有 4 轴、6 轴、8 轴，一根轴安装一种颜色的背景布，如图 4-15 和图 4-16 所示。

图 4-15　电动背景架

图 4-16　电动背景架实景

5．背景布与背景纸

常用的背景有两种，一种是背景布，另一种是背景纸，如图4-17和图4-18所示。

图4-17 背景布

图4-18 背景纸

（1）背景布。背景布的价格较低且实惠耐用。它一般分为两种：一种是带绒的背景布，可以吸光，质感较好，价格较贵；另一种是无纺布，价格低廉，反光较多，质感较差。

（2）背景纸。背景纸价格较贵，质感较好。

6．摄影台

摄影台是用来放置拍摄产品和道具的设备，如图4-19和图4-20所示。台板使用乳白半透明材质，有一定的柔光作用。背景与台面之间的转角设计成弧形，避免了在照片的背景中出现明显的分界线。在摄影台底部，可以很方便地放置闪光灯作为底光，在拍摄透明体产品时常常用到。

图4-19 摄影台

图4-20 摄影台使用实景

7．反光板

反光板是一种补光设备，是摄影中很常用的一种设备，无论在室外还是在摄影棚，都大量使用。经过反光板反射的光线柔和，具有良好的光感和质感。

反光板有圆形和椭圆形两种，如图4-21和图4-22所示。圆形反光板反光的面积小，主要用于脸部的布光；椭圆形反光板反光的面积大，可以覆盖模特的全身。

反光板一般有五种类型，包括金色面、银色面、白色面、黑色面及柔光面。

>>>>>>>>>>

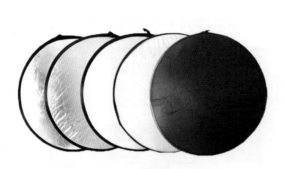

图 4-21　圆形反光板

图 4-22　椭圆形反光板

（1）金色反光板反射出金色的光线，主要是在暖色光源下使用，比如在晨光或者霞光下使用。

（2）银色反光板反射出银色的光线，能产生明亮的光线，阴天的光线下能产生比较好的反光效果。

（3）白色反光板反射出白色的光线，主要是在太阳光较强烈的情况下作为补光用。

（4）黑色反光板的作用与其他反光板不一样，黑色是起减光作用。

（5）柔光板是用来柔光用。

8．倒影板

倒影能使商品产生更强的立体感，在商品摄影中常常使用。倒影板分为白色与黑色两种，如图 4-23 所示。

在拍摄珠宝首饰、化妆品、皮具等小型物品时，常常使用倒影板进行拍摄，漂亮的倒影效果大大增强产品的质感，如图 4-24 所示。

图 4-23　倒影板

图 4-24　倒影效果

4.1.2　摄影棚的使用

摄影棚的使用有四项关键技术，一是引闪器的使用，二是联机拍摄线的使用，三是照相机参数设置，四是布光方法。掌握这四项技术，可以很好地驾驭摄影棚的所有设备。

1．引闪器的使用

引闪器是触发闪光灯的关键设备，是摄影棚使用的关键技术。引闪器包括两部分，一

<<<<<<<<<<

部分是发射器,另一部分是接收器。发射器安装在照相机热靴上,接收器安装在闪光灯上。连接好设备之后,调节发射器与接收器的信号通道,当两者信号通道相同时,按下快门按钮就可以触发闪光灯闪光,具体操作方法请参看 4.1.1 小节中有关引闪器的介绍。

2．联机拍摄线的使用

在摄影过程中,由于照相机显示屏存在色差,专业的摄影并不用照相机的显示屏进行监控,而是用计算机进行图片质量的监控,这就需要用到一个设备——联机拍摄线。

联机拍摄线是连接照相机与计算机的数据线,如图 4-25 所示。与计算机连接之后,打开计算机上相应的软件,将拍摄的照片直接保存在计算机上,在计算机上回放照片,对照片进行质量监控,同时还可以在计算机上调节照相机的相关参数,如图 4-26 所示。

图 4-25　联机数据线

图 4-26　照相机与计算机连接

3．照相机参数设置

(1)快门。快门参数通常选用 1/125s,在佳能的大部分照相机中,快门最快不能超过 1/200s。如果快门用到 1/250s,则照片会出现半边黑的现象,如图 4-27 所示,因为快门速度太快,幕帘式的快门没有任何一个时候是完全打开的,因此会出现半边黑现象。如果要用高速快门进行拍摄,比如凝固水珠,则需要选用高速闪光灯,或者与高速快门同步。

图 4-27　半边黑现象

（2）光圈。光圈最好使用中等光圈，因为中等光圈的成像质量最好，一般用 F11
左右。

（3）ISO。ISO 使用 100 左右，感光度太高，画面噪点太明显，因此要用低的感光度，
确保画面的质量。如果发现曝光不足，可以通过调节灯的亮度或者光圈系数使曝光更准
确，而不是调节 ISO 的参数。

（4）白平衡。白平衡使用日光模式或者自定义方式都可以。如果用自定义方式选择
参数，则选择 5500K 左右的参数，因为室内闪光灯的色温大概在 5500K。

4．布光方法

布光方法是摄影棚使用的核心技术，包括人像的布光和商品的布光，这部分知识将在
4.2 节详述。

4.1.3　摄影棚的搭建

摄影棚中的设备种类繁多，价格不一，摄影棚的搭建有很多的选择，可以用豪华装修
加豪华配置，也可以用简单装修加低端配置，关键的一点是要根据需求进行搭建。

摄影棚的搭建主要考虑两个方面，一是器材的选择，二是摄影棚的装修。下面介绍两
种典型的摄影棚搭建方案，一是商品摄影棚，只能拍摄产品；二是人像与商品摄影棚，既
可以拍摄人像也可以拍摄产品，这种摄影棚功能比较全面。

1．商品摄影棚的搭建

（1）器材选择。

商品摄影棚采购清单如表 4-1 所示。

表 4-1　商品摄影棚采购清单

设备名称	建议规格	数量	是否必须	备　　注	价格（元）
闪光灯	400W	4 盏	是	主灯 2 盏,顶灯 1 盏,底灯 1 盏	2400
灯架	自定	4 个	是	普通灯架 3 个,悬臂 1 个	600
柔光箱	60cm×90cm	4 个	是		480
摄影台	自定	1 个	是		500
引闪器	自定	1 套	是		70
背景布	1m×1.5m	若干	是	必须有黑、白、灰三种颜色	100
黑白卡纸	自定	若干	是	挡黑、挡白时用	50
产品摄影道具	自定	若干	是		500
三脚架	自定	1	是		1000
硫酸纸	自定	若干	否	拍摄放光产品时用	100
柔光纸支架	自定	2 个	否		60
亮棚	自定	1 个	否		150
储物柜	自定	1 个	否		1000
合计					7010

（2）商品摄影棚的装修。

① 面积：商品摄影棚的面积至少为 $10m^2$，能放置摄影台，并预留好布灯和人员活动的位置。购置一个储物柜,方便摆放物品和节省空间。

② 装修：窗户要选用遮光窗帘,因为反光产品对光线的要求比较高,室外的光线有时会影响产品的造型。在工作期间门窗都是关闭的,因此要安装通风设备,保证室内空气流通。

2．人像与商品摄影棚

（1）器材选择。

人像与商品摄影棚采购清单如表 4-2 所示。

表 4-2　人像与商品摄影棚采购清单

设备名称	建议规格	数量	是否必须	备　　注	价格（元）
闪光灯	400W	6 盏	是	主灯 2 盏,顶灯 1 盏,底灯 1 盏	3600
灯架	自定	6 个	是	普通灯架 5 个,悬臂 1 个	800
柔光箱	60cm×90cm	4 个	是		480
摄影台	自定	1 个	是		500
引闪器	自定	2 套	是		150
背景布	3m×10m	若干	是	必须有黑、白、灰三种颜色	1000
黑白卡纸	自定	若干	是	挡黑、挡白时用	50
产品摄影道具	自定	若干	是		500
三脚架	自定	1 个	是		1000
硫酸纸	自定	若干	否	拍摄放光产品时用	100
柔光纸支架	自定	2 个	否		60
储物柜	自定	1 个	否		1000
电动背景架	6 轴	1 套	是		1500
雷达罩	56cm	1 个	是		150
束光筒	自定	2 个	是		100
标准罩	55°	2 个	是		100
柔光伞	100cm	2 个	是		110
反光板	92cm×122cm	2 个	是	可用其他反光物品代替	150
计算机	自定	1 台	是	显示屏色彩还原必须准确	8000
联机拍摄线	5m	1 条	是	照相机连接计算机数据线	250
造型风扇	自定	1 台	否		300
储物柜	自定	1 个	是		2000
合计					21900

（2）摄影棚的装修。

① 面积：商品摄影棚的面积至少为 $30m^2$,宽度至少为 4.5m,因为要安装 3m 宽的背景架,长度至少为 7m,预留好布灯和人员活动的位置。如果还要设置化妆间,则要另外增加影棚的面积,面积越大越好。

② 装修：窗户要选用遮光窗帘,因为反光产品对光线的要求比较高,室外的光线有时会影响产品的造型。在工作期间门窗都是关闭的,因此要安装通风设备,保证室内空气流通。此外,还要考虑独立设置化妆间和换衣间。

4.2　商业人像布光

人像布光,就是要解决在什么样的光线下拍摄人物的照片更好看的问题,是摄影棚布光中的重要组成部分,在商业摄影中被大量运用,比如婚纱摄影、电商摄影中的服装摄影。学会人像的布光是做好商业摄影工作的重要基础。

商业人像布光的方法有很多,主要用到的有大平光、基本布光、蝶形光、环形光、伦勃朗光、分割布光、鳄鱼光等,其中最重要的一种是基本布光法。学会基本布光法,就懂得了布光的原理。

布光没有指定的方法,这里讲的一些布光方法是给初学者进阶的一个台阶,布光的最高境界是：可以根据不同的模特做出调整,以打造最适合模特的光线造型,对各种闪光灯应做到融会贯通、综合运用。

4.2.1　人像布光原理与技巧

没有一种布光方法是万能的,不同的模特脸形不同,则适合不同的光线造型。要掌握布光的方法和技巧,就要掌握人像布光的规律,深刻理解布光的原理,并运用到摄影实践中。

1. 布光的原理

大部分摄影的初学者都认为摄影棚布光很难,常常感到无从下手。其实不然,作为初学者,应该化繁为简,抓住重点,找到人像摄影布光的思路,理解人像摄影布光的内容,从而掌握室内人像布光的原理就变得容易很多。

(1) 人像摄影布光的思路。观察模特的脸形,构思模特脸部的三大面,即亮面、灰面、暗面,再用布光的方法去实现自己的构思。

(2) 人像摄影布光的内容。人像摄影布光的内容包括：一是确定灯的数量,二是确定布灯的位置,三是确定灯的高度,四是确定灯的亮度。

(3) 人像布光原理。确定一盏灯的造型有三个维度,包括亮度、角度、高度。布灯时首先要考虑的是角度和高度。

角度包括正面、左前侧面、右前侧面、左侧面、右侧面、左后侧面、右后侧面、背面八个方面。

高度包括高位光、平位光、低位光三种类型。

在三个不同的高度类型中,在模特四周进行不同角度的布光,能得出 24 种光线造型,这些角度和高度在脸部产生的光线造型如图 4-28 所示,第 1 行的效果是高位光效果,第 2 行的效果为平位光效果,第 3 行的效果为低位光效果。第 1 列是在模特正面布光的效果,第 2 列是在模特左前侧 45° 布光的效果,第 3 列是在模特左侧 90° 布光的效果,第 4 列是在模特背侧面 135° 布光的效果,第 5 列是在模特背面布光的效果,第 6 列是在模特背侧面 225° 布光的效果,第 7 列是在模特右侧 270° 布光的效果,第 8 列是在模特右前侧 315° 布光的效果。

图 4-28 中主要分主灯和轮廓灯两种,前三列和后两列是做主光的光线造型,第 4 ~ 6 列是轮廓光的光线造型。因为第 3 行是低位光,低位光是"恐怖光",很少用作主光。

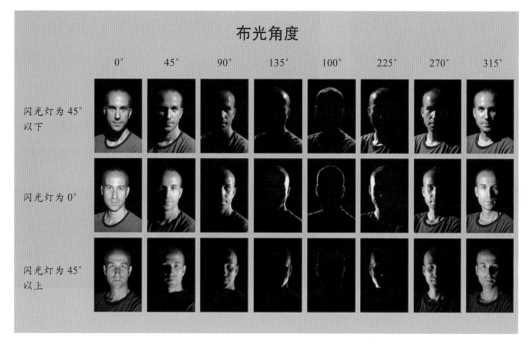

图 4-28 人像布灯光线造型效果

人像布光的原理是:在所有的光线造型中选择若干盏灯进行搭配。懂得这个原理之后,就不会再觉得布光难。

人像布光选择的方法是:在前三列和后两列先选择一盏主灯,然后在第 4 ~ 6 列选择轮廓光。轮廓光可以不选用,也可以选用一盏或两盏灯。在图 4-28 中所有的光线造型主要是作主光和轮廓光的造型,辅灯相对来说比较次要,可以根据实际情况自行选用,辅灯主要是控制光比。

比如第 1 行第 2 列作为主灯,第 1 行第 6 列作为轮廓灯;再自行选用一盏辅灯作为辅灯,用于减淡阴影,这就形成了一种布光。

要特别说明的是,一般情况下,主灯只选一盏,不选两盏,而且必须要选用主灯,不能只用轮廓光进行布光。

2. 布光技巧

(1) 巧用轮廓光。轮廓光层次感强,充满戏剧化,具有强大的艺术表现力。布光中重要程度仅次于主灯的位置,而且轮廓光有瘦脸效果,在人像摄影布光中经常用到。

常用的轮廓光分为单轮廓光和双轮廓光,单轮廓光如图 4-29 所示,双轮廓光如图 4-30 所示。

(2) 控制好光比。光比是指被摄物暗面与亮面的受光比例,在摄影棚的人像布灯中,主要是指主灯与辅灯之间的亮度差。光比越大,画面的反差越大,视觉感受越硬朗、越阳刚。通常来说,在女性的人像摄影中,光比要小一些;在男性的人像摄影中,光比要大一些。比如在分割布光和伦勃朗光的布光方法中,大部分使用大光比,因此比较适合男性模

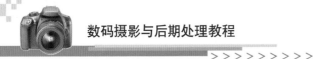
特的布光；而在蝶形光和大平光的布光方法中，光比都比较小，则更适合女性模特。此外，在环形光的布光方法中，光比比较适中、中性，男女皆宜。

图 4-29　单轮廓光

图 4-30　双轮廓光

（3）大胆创新。布光没有规定的方法，要根据不同的模特脸形调整灯的位置和亮度，达到最完美的艺术效果。因此，在摄影布光中，与其墨守成规，不如大胆创新。

如图 4-31 所示，作品中的用光是一种突破和创新，在传统的摄影布光中并没有这种布光的方法，而且主光并没有打在模特的脸部，而是打在头顶。虽然布光的方法打破了常规，但是整体的效果却是很有艺术表现力的。

4.2.2　大平光

大平光是室内摄影中最简单的一种布光方法，也是最常用的一种布光方法，大量运用于婚纱摄影、电商摄影。

所谓大平光，是指在这种光线条件下模特脸部几乎没有阴影，光比指数比较小，没有层次，会产生一种平面化的效果，如图 4-32 和图 4-33 所示。

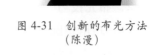

图 4-31　创新的布光方法
（陈漫）

大平光的优点：画面亮丽，色彩通透，脸部几乎没有阴影，对于皮肤色彩等表现比较好，布光的难度较小，容易掌握。此外，拍摄较为方便，模特无论摆什么动作，脸部的光线造型都不会被破坏。

大平光的缺点：画面缺少层次，脸部缺乏立体感。

大平光使用的光型如表 4-3 所示。

图 4-32 婚纱摄影（大平光）

图 4-33 电商摄影（大平光）

表 4-3 大平光光型

序号	光 型	角 度	高 度	亮 度	备 注
1	主灯 1	左前侧 45°	平位	相同	两盏灯与主体距离一致
2	主灯 2	右前侧 45°	平位		
3	辅灯	正面	低位（放地下）	与主灯接近	消除下巴下面的阴影，增加腿部的光线
4	背景灯	后侧方	高位、平位	自定	视情况而选用

　　大平光布光法顶视图如图 4-34 所示，大平光布光法侧视图如图 4-35 所示。为了获得柔和的光线以及明暗之间的柔和过渡，一般采用柔光箱灯进行布光。

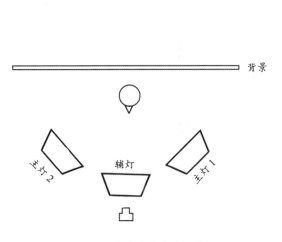

图 4-34 大平光布光法顶视图

图 4-35 大平光布光法侧视图

注意

在实际的运用当中，辅灯可以用反光板代替。另外，因为这种布光方法利用了三盏灯，三盏灯连线成一个V字，因此这种布光也叫V形光。

4.2.3　蝶形光

蝶形光也称为派拉蒙式布光，是最早期好莱坞影片或剧照拍摄中惯用的布光法，是人像摄影中的一种特殊的用光方式。这种布光方式是在模特正面高位进行布光，在模特的鼻子下面产生"蝶形"的影子，如图4-36所示。

图 4-36　蝶形光 (《七月与安生》话剧海报)

蝶形光布光方法通常是主光源在镜头光轴上方，也就是在被摄者脸部的正前方，由上向下以45°方向投射到人物的面部，在鼻子的下方投射出阴影，阴影似蝴蝶的形状，使人物脸部有一定的层次感。这种布光方式特别适合脸颊线条和骨骼分明的人。

相对来说，这种光线比较大众化，大部分人都比较适合，原因是这种光线会在模特两边的脸颊产生阴影，可以产生瘦脸的效果。如图4-37所示，左边图没有使用蝶形光，右边图使用了蝶形光，右边图人物的脸有显瘦效果。因此，脸部较宽的脸形适合使用此方法，对人有美化的效果，这种光线还有一个别称叫"美人光"。

图 4-37　蝶形光的瘦脸效果

<<<<<<<<<

蝶形光使用的光型如表4-4所示。

表4-4 蝶形光光型

序号	光 型	角 度	高 度	亮 度	备 注
1	主灯	正面	高位	自定	在鼻子下面产生蝶形阴影
2	轮廓灯	后侧/背面	自定	比主灯小	视情况而选用1～2盏
3	背景灯	后侧	高位、平位	自定	视情况而选用1～2盏

蝶形光布光顶视图如图4-38所示,蝶形光布光侧视图如图4-39所示。为了使鼻子下面的影子更明晰,往往会用偏硬的光源,因此常常使用带反光罩或者雷达罩的闪光灯作为主光。

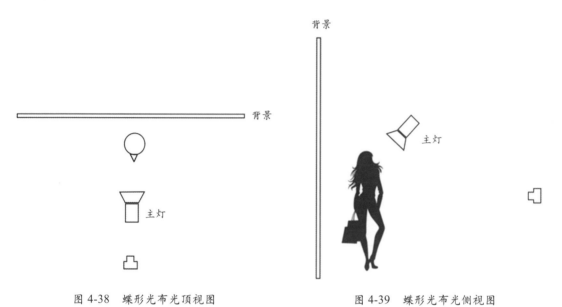

图4-38 蝶形光布光顶视图　　　　　　图4-39 蝶形光布光侧视图

蝶形光通常配合轮廓光与背景光使用。与轮廓光结合使用的效果如图4-40所示。

图4-40 蝶形光＋轮廓光

> > > > > > > >

4.2.4　环形光

环形光是在派拉蒙布光的基础上稍加改动而成的，非常适合拍摄常见的椭圆形面孔。将主光放置的高度降低，并向主体前侧面的方向移动，这样鼻子下面的阴影会在面部有阴影的一面形成一个小圆圈，即环形的影子，如图 4-41 所示。需要注意的是：鼻子侧翼的影子不能与脸颊的阴影连接在一起，连接在一起则成了伦勃朗光。

图 4-41　环形光

环形光使用的光型如表 4-5 所示。

表 4-5　环形光光型

序号	光　型	角　度	高　度	亮　度	备　　注
1	主灯	左前侧	中高位	自定	在鼻子侧翼产生环形阴影
2	辅灯	正面 / 右前侧	平位、低位	由光比而定	视情况而选用
3	轮廓灯	后侧 / 背面	自定	比主灯小	视情况而选用 1 ～ 2 盏
4	背景灯	后侧	高位、平位	自定	视情况而选用 1 ～ 2 盏

环形光布光顶视图如图 4-42 所示，环形光布光侧视图如图 4-43 所示。

环形光通常使用辅助光减淡另外一侧的阴影，同时配合轮廓光与背景光使用。增加辅助光和轮廓光的效果如图 4-44 所示。

4.2.5　伦勃朗光

伦勃朗是世界著名的荷兰画家，其人物肖像绘画作品中大量运用同一种光线进行表

现,取得了出色的艺术表现效果,后来这种光线被应用到摄影布光中,取名为伦勃朗光。伦勃朗光是一种专门用于拍摄人像的特殊用光技术。布光时,主灯放置在前侧高位,靠近主体正侧面的位置,灯光照亮脸部的 3/4,被摄者鼻子的影子与另一侧脸颊的阴影相连,在主灯的另外一侧脸颊上产生倒三角的亮部,因此这种布光也叫作三角光,如图 4-45 所示。

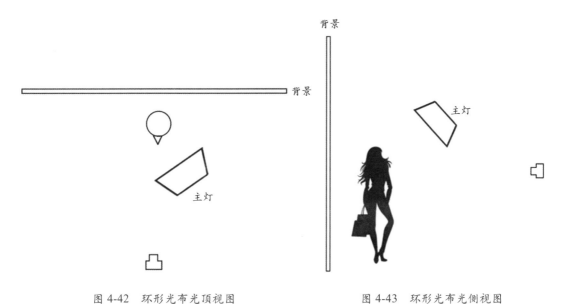

图 4-42　环形光布光顶视图　　　　　图 4-43　环形光布光侧视图

图 4-44　环形光＋辅助光＋轮廓光（陈漫）

图 4-45　伦勃朗光

伦勃朗光使用的光型如表 4-6 所示。

表 4-6 伦勃朗光光型

序号	光　型	角　度	高　度	亮　度	备　　注
1	主灯	左前侧	高位	自定	鼻子的影子与脸颊的影子相连
2	辅灯	右前侧	平位	由光比而定	视情况而选用
3	轮廓灯	后侧 / 背面	自定	比主灯小	视情况而选用 1 ～ 2 盏
4	背景灯	后侧	高位、平位	自定	视情况而选用 1 ～ 2 盏

　　伦勃朗布光顶视图如图 4-46 所示,伦勃朗布光侧视图如图 4-47 所示。为了使鼻子侧翼的影子更明晰,往往会用偏硬的光源,因此常常使用带反光罩或者雷达罩的闪光灯作为主光。

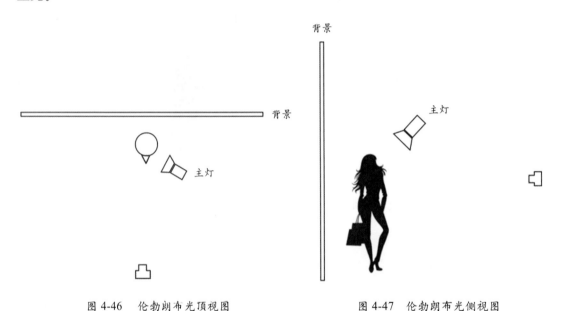

图 4-46　伦勃朗布光顶视图　　　　　　　　　　图 4-47　伦勃朗布光侧视图

　　伦勃朗光通常使用辅助光对另外一侧的阴影进行补光,同时配合轮廓光与背景光使用。增加辅助光和轮廓光后的效果如图 4-48 所示。

4.2.6　分割布光

　　分割布光是常见的人像摄影布光方式之一,分割布光是指让主光只照亮主体面部的一半。因为面孔被一分为二,一半比较亮,另一半比较暗,画面会呈现出强烈的戏剧性,适合表现人物鲜明的个性或气质,如图 4-49 所示。

　　分割布光使用的光型如表 4-7 所示。

　　分割布光顶视图如图 4-50 所示,分割布光侧视图如图 4-51 所示。为了使脸部另一侧的影子更明晰,往往会用偏硬的光源,因此常常使用带反光罩或者雷达罩的闪光灯作为主光。

　　分割布光一般不加辅助光,因为如果阴影被减淡了,那么这种布光的戏剧化效果也就减淡了,大大减少了这种布光的魅力。此外,分割布光大部分时间都会配合轮廓光使用,可以增加画面层次,突出戏剧化的效果。分割布光与轮廓光结合使用的效果如图 4-52 所示。

图 4-48　伦勃朗光＋辅助光＋轮廓光（陈漫）

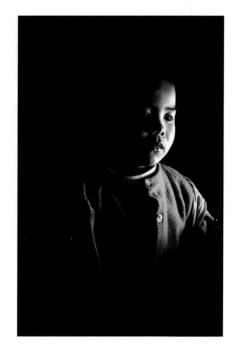

图 4-49　分割布光

表 4-7　分割布光光型

序号	光　型	角　度	高　度	亮　度	备　注
1	主灯	正侧	平位	自定	在脸部另一侧产生阴影
2	轮廓灯	后侧／背面	自定	比主灯小	视情况而选用 1 ～ 2 盏
3	背景灯	后侧	高位、平位	自定	视情况而选用 1 ～ 2 盏

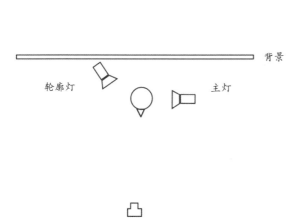

图 4-50　分割布光顶视图

图 4-51　分割布光侧视图

>>>>>>>>>

图 4-52　分割布光 + 轮廓光

4.2.7　鳄鱼光

鳄鱼光由蝶形光演变而来,因为蝶形光会在人的下巴下面产生浓重的阴影,为了消除这部分阴影,则在模特正面低位加一盏灯进行布光,消除或减弱下巴下面的阴影。这种布光方法与蝶形光布光一样,在模特两边的脸颊上产生阴影,有瘦脸的效果,不同的是下巴下面与鼻子下面的阴影减淡了,如图 4-53 所示。

图 4-53　鳄鱼光

具体布光方法是:在主体前面上下夹光,一般上面为主光,高位向下 45°;下面为辅助光,低位向上 45°。一高一低的两盏灯酷似鳄鱼张开的嘴巴,因此称为鳄鱼光。

鳄鱼光使用的光型如表 4-8 所示。

表 4-8　鳄鱼光光型

序号	光　型	角　度	高　度	亮　度	备　　注
1	主灯	正面	高位	自定	在脸颊两边产生阴影,产生瘦脸效果
2	辅灯	正面	低位	由光比而定	减淡主光留下的阴影,主要是下巴下面的阴影
3	轮廓灯	后侧 / 背面	自定	比主灯小	视情况而选用 1 ～ 2 盏
4	背景灯	后侧	高位、平位	自定	视情况而选用 1 ～ 2 盏

<<<<<<<<<

鳄鱼光布光顶视图如图 4-54 所示,鳄鱼光布光侧视图如图 4-55 所示。

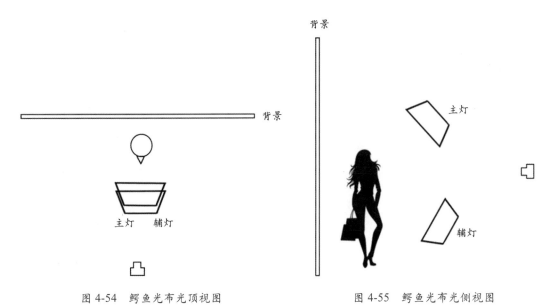

图 4-54 鳄鱼光布光顶视图   图 4-55 鳄鱼光布光侧视图

鳄鱼光有时会配合轮廓光与背景光使用,可以增加层次。鳄鱼光与轮廓光结合使用的效果如图 4-56 所示,在模特的脸部两侧有淡淡的轮廓光线条。

图 4-56 鳄鱼光＋轮廓光

4.2.8 显宽光与显瘦光

显宽光与显瘦光不是一种特定布光设定,而是一种风格,不论是分割布光、环形布光还是伦勃朗布光,都可以使用。

显宽光布光的方法是:让受光的那一面朝向镜头,面部看起来都较宽大,适合面形瘦削的人。显宽光的效果如图 4-57 所示。

显瘦光布光的方法与显宽光布光的方法正好相反,较暗的那一面朝向镜头,这样面部看起来尖削一点,而且更有立体感与气氛。显瘦光的效果如图 4-58 所示。

显宽光布光顶视图如图 4-59 所示,显瘦光布光顶视图如图 4-60 所示。

图 4-57　显宽光

图 4-58　显瘦光

图 4-59　显宽光布光顶视图

图 4-60　显瘦光布光顶视图

4.2.9　电商服装模特摄影布光

总体来说,在电商服装模特摄影的布光中,为了让模特充分展示服装的款式与美感,比较典型的布光方法有:大平光、鳄鱼光、环形光三种,同时配合辅助光、背景光、轮廓光使用。

1．大平光

大平光的布光阴影面积小,能够更加全面地展示商品,但是画面层次比较差。在电商服装摄影使用大平光的过程中为了增加人物的层次,常常使用轮廓光。此外,电商服装摄影多数使用白背景,为了让背景更白,可以视情况选用 1 ～ 2 盏灯作为背景灯。

2．鳄鱼光

在电商服装摄影模特中为了增加人物脸部的层次,同时为了让模特脸部更加显瘦,常常使用鳄鱼光进行布光,有时会配合轮廓光使用,背景光则视情况而选用。

3.环形光

环形光层次感较强,模特脸部的层次也较好。特别需要注意的是,在电商服装摄影中使用环形光时一定要用辅助光,同时要控制好光比,光比太大,反差就大,不利于表现产品的细节,一般情况下,光比控制在1:4较合适。除了增加辅助光外,还会增加轮廓光,增强模特的轮廓,布光方法如图4-61所示。

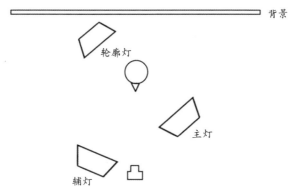

图 4-61 电商服装摄影布光(环形光)

4.经典电商服装摄影布光

(1)主灯。主灯用反光伞或者八角柔光箱灯,或者用雷达罩、反光罩加柔光纸,放置在正面高位,功率及照射面积都要大一些。

(2)辅灯。将辅灯放在前侧位,属于低位光,使用普通长方形柔光箱,主要是补充模特下半身的光线。

(3)背景灯/轮廓灯。加两盏带标准罩的灯,放置在模特的两边后侧位,控制好亮度。当使用白色背景时,这两盏灯作为背景灯使用,打在背景上;当使用黑色背景时,两盏灯作为轮廓灯使用,打在模特两侧的轮廓上,因为使用黑色背景时一般不打背景灯。

经典电商服装摄影布光顶视图如图4-62所示,经典电商服装摄影布光侧视图如图4-63所示。

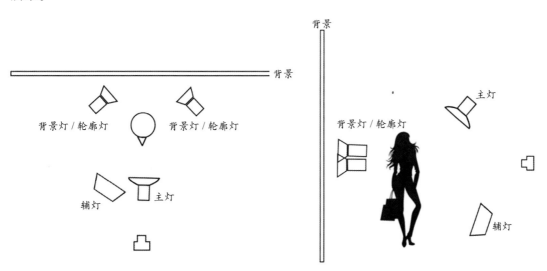

图 4-62 经典电商服装摄影布光顶视图   图 4-63 经典电商服装摄影布光侧视图

4.2.10　婚纱摄影布光

在婚纱摄影中为了追求通透亮丽的视觉效果,常常使用大平光进行布光,大平光的布光方法不在此详述。大平光布光方法主要使人物脸上几乎没有阴影,皮肤效果白皙透亮。

近年来,随着人们摄影技术的提高,以及审美水平的提高,个性化的婚纱照越来越受到欢迎,在布光的方法上也不再是原来的大平光,而是使用个性化的布光方法,主要是运用环形光、鳄鱼光两种,布光中一般配合辅光、轮廓光使用。

4.2.11　证件照布光

目前,证件照的拍摄分为两类:一类是简单的证件照,主要是在街边摄影门店拍摄;另一类是比较讲究的高级证件照,主要是在摄影公司或者摄影工作室的大型摄影棚拍摄。

(1) 简单的证件照。因为大部分摄影门店的拍摄条件简陋,设备不足,因此都是布置最简单的大平光。布光的方法就是左右各一盏灯,角度、高度、亮度都一样。由于灯的位置离背景比较近,因此不需要另外布置背景光,使用两盏灯即可完成布光。

(2) 高级证件照。这类证件照一般是在比较标准的摄影棚进行拍摄,布光与后期都更加讲究,价格也比较贵,比普通证件照多出 20 倍左右。

在高级证件照的拍摄中,常常使用鳄鱼光进行布光,这种光线有瘦脸效果,适合脸部比较宽大的顾客。

- 主灯:在正面高位,最好使用八角柔光箱。
- 辅灯:在正面低位,使用普通长方形柔光箱。
- 背景灯:在模特背面,用模特身体遮挡住,使用标准罩。

在使用鳄鱼光布光法时,常常会用两块反光板放在模特的两侧,补充模特两侧的光线。具体的布光方法如图 4-64 和图 4-65 所示。

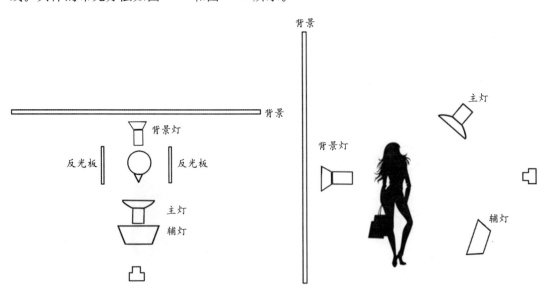

图 4-64　证件照鳄鱼光布光顶视图　　　　　图 4-65　证件照鳄鱼光布光侧视图

除此之外,还可以使用环形光进行布光。

- 主灯：前侧高位,最好使用八角柔光箱,在鼻子侧翼产生环形影子。
- 辅灯：前侧平位,使用柔光箱,补充阴影部分的光线。
- 背景灯：在模特背面,用模特身体遮挡住,使用标准罩。
- 发灯：在模特背面,处于高位,打在模特头发上。

具体的布光方法如图 4-66 和图 4-67 所示。

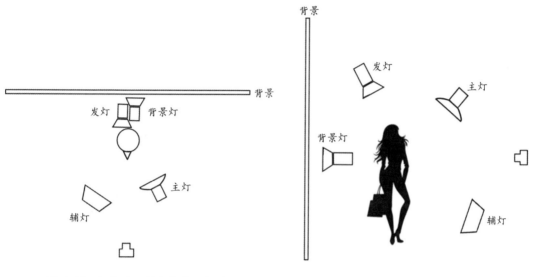

图 4-66　证件照环形光布光顶视图　　　　图 4-67　证件照环形光布光侧视图

此外,在皮肤的处理上,不是使用简单的方法磨皮,而是使用"双曲线"或者"中性灰"的方法进行处理,比较费时间。

4.3　商品布光

4.3.1　商品布光原理与技巧

商品的种类繁多,而且商品材质各异,外形特征也千差万别,每一款商品对光线的反射和吸收的能力都不相同,因此在布光中,要根据商品的特点进行合理和恰当的布光,才能将商品的质感呈现出来,以便吸引消费者。

根据商品的材质不同,大致可以把商品分为吸光体、透明体、反光体,如图 4-68 所示。吸光体主要是指棉质服装、毛巾、毛绒玩具等;透明体主要是指玻璃与透明塑料材质的商品,比如玻璃杯、矿泉水等;反光体主要是指商品表面有反光特性的商品,比如水龙头、调羹、不锈钢水壶等。无论是哪一种商品,拍摄的基本要求都是要充分体现出商品的质感。

1. 何为质感

质感主要有三个因素影响:一是准确的曝光;二是通透的色彩;三是要有规则的三大面,即亮面、灰面、暗面。

(1) 准确的曝光与通透的色彩体现商品的质感。商品拍摄首先要曝光准确,否则无法获得准确的色彩。但是仅仅曝光准确还远远达不到质感表现的要求,还需要有通透的色彩。如图 4-69 所示，左侧的照片曝光不准确，所以衣服的颜色暗淡，反差小，白色已经不是白色，变成了灰色，黄色显得凝重；而右侧的照片曝光准确，所以衣服的颜色通透亮丽，白色是很纯净的白色，黄色也是通透的，充分体现了商品的质感，让人更有购买的欲望。

吸光体　　　　　　　　　　透明体　　　　　　　　　　反光体

图 4-68　商品分类

图 4-69　商品（衣服）质感对比

（2）有规则的三大面体现商品质感。商品的亮面和暗面有规则是体现商品质感的一个重要因素。如图 4-70 和图 4-71 所示，左边的图有规则的亮面和暗面，所以商品更有质感；而右边的图的亮面与暗面都是不规则的，所以产品的质感体现不出来。

<<<<<<<<<

图 4-70　商品质感对比（1）

图 4-71　商品质感对比（2）

因此在拍摄商品的过程中,处理好高光区域,处理好亮面与暗面的关系,是一个非常关键的因素,直接影响商品的质感。

2．如何表现质感

要表现好商品的质感,主要有以下几个影响因素。

（1）布光方法。布光是最为关键的因素,在布光的过程中有意识地去打造出商品的亮面和暗面,利用各种布光的设备实现商品规则的光线造型。

（2）设备。设备选择上主要是注意镜头的选择,镜头要使用标准镜头,绝对不能使用短焦镜头,否则产品会变形。所谓标准镜头,就是 50mm 的镜头,一般在拍摄商品的过程中不建议使用定焦的 50mm 镜头,建议使用变焦镜头包含有标准角度的镜头,比如 24 ～ 70mm 的镜头。

此外,尽量使用三脚架拍摄商品,以防出现跑焦现象。

（3）参数设置。照相机参数的设置是影响商品质感表现的其中一个因素,参数中主要是光圈的参数,不要使用大光圈,以免产生小景深。尽量使用中等光圈,中等光圈的成像质量最佳。所谓中等光圈,即是 F11 左右的光圈。

综合来讲,要表现好商品,则要把商品的质感表现好;要表现好商品的质感,则要注意商品的曝光和色彩,以及打造商品规则的亮面与暗面。商品表现中布光的原理如图 4-72 所示。

图 4-72　商品布光的原理

4.3.2　吸光体商品布光

吸光体的布光是商品拍摄中相对简单的,常用的光线是用大平光进行布光,然而这样布光拍摄出来的图片光线层次感太差,缺乏立体感,如图 4-73 所示。为了避免这种情况,增加商品的层次感与立体感,在拍摄商品的过程中要懂得制造一些阴影,从而突出商品的质感,如图 4-74 所示。制造阴影的方法有:一是调整灯的位置和亮度,不打正面光;二是布置侧逆光,这样就形成阴影;三是使用两盏灯以上,调整主灯与辅灯之间的亮度,从而形成一定的光比,形成反差和阴影。

图 4-73　缺乏层次感及立体感　　　　　　　　图 4-74　层次丰富及立体感强

为了形成一定的层次感与立体感,吸光体的布光就是在大平光的基础上略微调整灯的布置和亮度,具体的做法是把辅灯往主体的侧面移动,并且调低亮度,使其与主灯产生一定的光比,形成反差,如图 4-75 和图 4-76 所示。

此外,布光中要注意的是,为了让商品的质感得到更加充分的体现,顶灯往往改用雷达罩的硬光,特别是在拍摄表面不光滑、质地粗糙的产品时,硬光的锐利光线表面会产生细小的投影,能够增强商品的立体感,强化商品的质感体现。

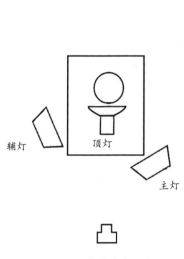

图 4-75　吸光体布光顶视图

图 4-76　吸光体布光实景图

4.3.3　透明体商品布光

透明体即光线可以穿透的物体,但是透明体往往都带有反光性质,比如玻璃杯、矿泉水瓶既透明又反光,所以,在布光时要根据透明体的这种透明又反光的特性来调整灯光的位置。

透明体最重要的是表现好商品的通透性。商品的通透性主要是由两盏灯决定的,一盏是背景灯,一盏是底灯,在透明体的布光中要充分利用好这两盏灯。

在布光中,一般前面布置两盏灯作为主光,照亮正面,另外还要布置背景和底灯。但是在实际的布光中,如果商品的体积不大,背景灯与底灯可以用一盏灯完成布光,如图 4-77 和图 4-78 所示,摄影台下的灯即是背景灯,也是底灯。

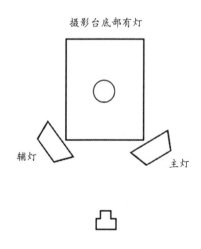

图 4-77　透明体布光顶视图

图 4-78　透明体布光实景图

如果商品半透明、半反光,比如矿泉水瓶既透明又反光,则前面两盏灯会在瓶身上留

>>>>>>>>>>

下很宽的高光,如图 4-79 所示,影响商品的质感表现。解决的办法是,把两盏主灯往瓶子的侧面移动,瓶身上的高光面就会变窄,这时商品正面的光线就减弱了。为了给瓶子的正面补光,则需要在商品的顶部布置一盏顶光,补充瓶身正面的光线,布光方法如图 4-80和图 4-81 所示。调整布光方法之后,瓶身上的亮面变窄,没有影响到瓶身上的商品标志,如图 4-82 所示。

图 4-79　亮面很宽

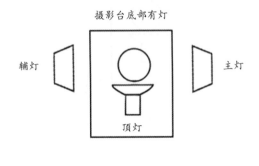

图 4-80　半透明体布光顶视图

图 4-81　半透明体布光实景图

图 4-82　亮面变窄

　　拍摄透明体最重要的是要勾勒出产品清晰的边缘,勾勒边缘的方法有两种情况,一种是白底拍摄时,用黑边勾勒出产品的边缘轮廓,如图 4-83 所示;另一种是黑底拍摄时,用白边勾勒出产品的边缘轮廓,如图 4-84 所示。

　　勾勒边缘的具体方法是:当使用白背景拍摄时,用黑色卡纸放置在杯子后侧方,经过玻璃的反射之后形成黑边,如图 4-85 所示;当使用黑色背景拍摄时,用白色卡纸放置在杯子后侧方,经过玻璃的反射之后形成白边,如图 4-86 所示。

<<<<<<<<<<

图 4-83 白底黑边

图 4-84 黑底白边

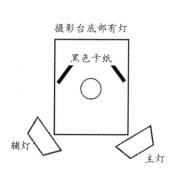

图 4-85 用黑色卡纸勾勒黑边

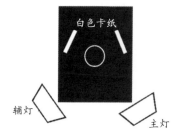

图 4-86 用白色卡纸勾勒白边

4.3.4 反光体商品布光

反光体的表面有很强烈的反光,甚至如镜面一般,可以映射出周围的事物,给布光带来很大的挑战,比如不锈钢水壶,如图 4-87 所示。不过不锈钢水壶的表面相对较规则,布光的难度相对较小一些。更难的是表面不规则的反光体,比如不锈钢的水龙头,如图 4-88 所示。商品有多个反光面,反光面非常不规则,这给布光带来更大的难度。

当然,不锈钢水龙头反光面不规则,但是其体积相对较小,难度并不是最高的,难度最高的是既有反光,又不规则的商品。而且体积较大的商品布光的难度是很大的,比如汽车的表面不规则,体积又大,这就较难布光。

反光体的布光虽然难度较大,但也是有规律可循的,其规律就是在商品的表面打造规则的亮面和暗面。

为了打造出规则的亮面和暗面,在布光中将大量使用白色柔光纸或者硫酸纸。硫酸纸的作用就是打造规则的高光区域,硫酸纸的用法如图 4-89 所示,硫酸纸所发挥的作用如图 4-90 所示。

图 4-87　不锈钢水壶

图 4-88　水龙头

图 4-89　硫酸纸的用法

使用前　　　　使用后

图 4-90　使用硫酸纸前后

在反光体的布光中,通常在商品的前侧放置两盏灯,加硫酸纸或者柔光纸,而顶灯、背景灯、底灯的使用则根据商品的实际情况选用,如图 4-91 所示,布光实景如图 4-92 所示。

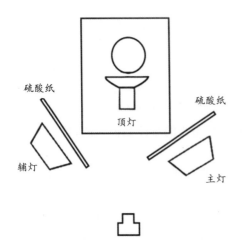

硫酸纸　　　　　　　硫酸纸

顶灯

辅灯　　　　　　　主灯

图 4-91　反光体布光顶视图

图 4-92　反光体布光实景

在这种布光方法中,前面的两盏灯正好在产品的正面留下两块规则的亮部,如图4-93所示。

图 4-93　灯的反射形成的规则亮面

在反光体的拍摄中常常不用摄影台进行拍摄,因为反光体放置在摄影台上,摄影台的白色会反光到商品上,影响商品的光线造型。如图4-94所示,在不锈钢壶身的暗部区域中,底部比上部的颜色浅,原因是摄影台的反光造成的。为了避免这种现象的发生,常常使用比商品底部小的物品代替摄影台,比如三脚架,如图4-95所示。

图 4-94　摄影台反光

图 4-95　三脚架代替摄影台

4.4　练　习　题

1. 课后作业

登录专业摄影棚设备销售网站,了解摄影棚设备的特点,制定一份搭建标准摄影棚器材购买清单,清单包括闪光灯及其附件、引闪器、背景架、摄影台,以及摄影棚的其他配件,并列出器材的具体型号、价格和特点。

2．课堂实操题

（1）利用引闪器，连接好照相机与闪光灯，并调整好参数，拍摄一张照片。

（2）运用大平光的布光方法拍摄人像一组。

（3）运用蝶形光的布光方法拍摄人像一组。

（4）运用环形光的布光方法拍摄人像一组。

（5）运用伦勃朗光的布光方法拍摄人像一组。

（6）运用分割布光的方法拍摄人像一组。

（7）运用鳄鱼光的布光方法拍摄人像一组。

（8）拍摄一组玻璃杯，分别是黑底白线、白底黑线。

（9）拍摄矿泉水。

（10）拍摄不锈钢水壶。

（11）拍摄化妆品。

3．项目实操题

（1）在摄影棚中，每人拍摄证件照一张，并进行后期处理。

（2）以小组为单位，以淘宝摄影为例，以团队协作的方式，在摄影棚中完成一件服装的拍摄与后期制作。要求如下。

① 必须拍摄服装。

② 拍摄要协作完成，后期制作要独立完成。

③ 做好策划，策划书必须上交，作为项目评分考核的一部分。

④ 前期拍摄图片数量 50 张以上，有每个角度的模特展示的拍摄，也有细节拍摄。

⑤ 后期制作 5 张主图和 1 张详情图。

（3）在摄影棚中拍摄一款产品，并制作一张海报。要求如下。

① 做好策划，策划书必须上交，准备好道具，设计好布光方法与产品摆放的方法。策划书作为项目评分考核的一部分。

② 拍摄要协作完成，后期制作要独立完成。

第5章 专题摄影

本章学习目标

- 了解人像摄影的策划、器材、参数设置；
- 掌握人像摄影构图与用光的技巧；
- 了解风光摄影对器材的选择与参数设置技巧；
- 掌握风光摄影构图与用光的技巧；
- 了解电商摄影的策划、器材、参数设置；
- 掌握电商摄影的用光技巧；
- 掌握人文摄影的创作技巧与表达技巧。

5.1 人像摄影

人像摄影是以现实生活中的人物为主要创作对象的摄影形式，通过还原其外貌形态来表现人物的内在气质，或者是表现人物在某些特定场景中的情形。自摄影技术诞生以来，人像摄影就一直占据着摄影的主导地位，是人们接触最多、最广泛的摄影题材。

5.1.1 人像摄影的策划

凡事预则立，不预则废。为摄影创作活动做好计划，做好充分的准备，是摄影创作的必要步骤，是摄影创作的第一步，也是重要的一步，是摄影创作中最为基础的工作。

所谓摄影策划，就是根据拍摄的主题，分析拍摄环境、光线、模特等基本情况，针对创作的基本条件，进行摄影创作的预先设计，用于指导摄影实践。

摄影策划中要分析的内容包括拍摄的环境、光线、模特的脸形、身材比例、模特的内在气质等，摄影的策划是做得越细致越好，对创作帮助也越大。人像摄影拍摄方案模板如表 5-1 所示。

表 5-1 人像摄影拍摄方案模板

作品题目	
一、拍摄主题	（作品表达的思想内容）
二、拍摄风格	
三、拍摄内容	
四、模特简介	
五、服装与妆面	
六、拍摄环境	
七、构图	
八、用光	
九、道具	
十、后期处理	
十一、预期效果	（类似风格的照片）

在人像摄影中,很多人不重视摄影策划,甚至是不做任何策划,全靠临场发挥。喜欢实施"片海战术",拍摄很多的照片,然后再进行遴选。这种创作方法其实是不符合摄影规律的,正确的做法是做好策划,然后再进行创作。

当然,未必每次策划都要求做规范的文档,有的时候也可能仅仅是一些参照的照片,或者是画龙点睛的一两句话,对于初学摄影的人来说,养成策划的习惯,对个人摄影水平的提升是很有帮助的。

5.1.2　人像摄影的器材选择

不同的主题和创作环境对器材的要求也有所不同,要根据创作的主题与创作的意图选择适合的摄影器材。

1．照相机的选择

照相机的选择主要根据创作的要求和拍摄的环境来决定,主要考虑以下两个方面。

(1) 照相机品牌的选择。不同品牌适合不同题材的摄影创作,不同的照相机在色彩还原以及照片的锐度方面表现有所不同。

(2) 照相机档次选择。在有条件的情况下,首选是全幅照相机,选择感光元件尺寸大同时高感下表现比较良好的照相机。

2．镜头选择

镜头的选择上,最好的方法是带上短焦、长焦、定焦。如果条件不允许,则视情况进行取舍。

(1) 短焦的用处。在拍摄风景优美、整洁的地方,比如海边、草原等,画面中要多拍摄一些环境,这时就需要短焦镜头。如果只带了长焦镜头,则无法拍摄到漂亮的环境。所谓短焦,是指焦距在 35mm 以下。

(2) 长焦的用处。长焦镜头主要是用于拍摄虚化背景的人像,既可以虚化背景,又可以压缩背景空间,从而突出主体。在人像摄影中,此种方法是最常用的摄影技法,特别是在拍摄环境比较杂乱的情况下。所谓长焦,最好是能达到 200mm 以上。

(3) 定焦的用处。定焦有大光圈,在环境光线不足的情况下,定焦镜头有着优越的表现。此外,定焦镜头能够很好地虚化背景。一般情况下,首选是用 50mm 定焦,如果要让背景虚化得更好,则可以选择 85mm 定焦;如果是在狭窄的空间拍摄,则选用 35mm 定焦,比如在酒店的客房中拍摄私房照。

3．其他配件选择

如果在室外拍摄,最主要的是反光板,条件允许可多带几块。此外,室外闪光灯也是常用的设备,常用的有两种,一种是安装在照相机热靴上的普通的闪光灯,不具备无线控制闪光功能,在使用时只能打顺光;另一种是专业级别的闪光灯,自带电池。专业的闪光灯分为两种,一种是小型的闪光灯,如图 5-1 所示,可安装在照相机上,同时也具备无线控制闪光功能,可把闪光灯放置在其他位置进行引闪,突破了闪光灯只能打顺光的局限性;另一种是大型的闪光灯,如图 5-2 所示,婚纱摄影或者电商服装摄影常常用到。

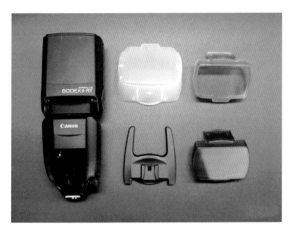

图 5-1 专业外置闪光灯　　　　　　　图 5-2 专业外拍闪光灯

5.1.3 人像摄影的参数设置技巧

在人像摄影中,除了在光线变化大的外景拍摄时可能会用到光圈优先档(AV)或者快门优先档(TV)之外,大部分情况下都使用 M 档进行拍摄。在 M 档下,所有参数都要自行调整,主要的参数包括快门、光圈、感光度、白平衡、照片风格。

1．快门

快门速度越快,照片清晰度就越有保障,因此,在快门参数的选择上要遵循“能快则快”的原则,同时要注意的是,不能慢于安全开门的速度。由于人像摄影中很少使用三脚架,因此,能用到 1/200s 以上的快门速度是比较理想的。

2．光圈

光圈越大,景深就越小,背景越虚化,因此,在拍摄虚化背景的过程中尽量使用大光圈,从而使背景更虚化。拍摄中常用到 F2.8 左右的大光圈。如果在风景优美的地方拍摄且背景不需要虚化的情况下,不建议使用大光圈,应使用中等光圈,即 F11 左右的光圈系数,因为中等光圈的成像质量要比两端的光圈好。

3．感光度

感光度越高,画面噪点就越大,因此要控制好感光度的系数。入门级的照相机一般不要超过 400,全幅照相机一般不要超过 1600。在实际运用中,为了得到更高速的快门速度,常常选择使用 200 或者 400,但优先选择 200。

4．白平衡

白平衡主要是根据现场的光线选择,选择的技巧请参看 2.4 节的内容。

5．照片风格

照片风格可选择相机中已有的风格,或者自定义。在自定义的情况下,锐度可以稍微高一点,反差、饱和度不要调太高,特别是饱和度,太高会造成皮肤的颜色偏红或者偏黄。

5.1.4　人像摄影的构图

在人像摄影的构图中,构图的基本技巧主要有三点:一是背景要干净整洁,二是人物占比要适中,三是动作表情要到位。

1.背景要干净整洁

背景是画面构图的一个重要元素,背景衬托主体,烘托氛围,体现时代特点。在创作中绝不能忽视背景,否则摄影画面就会受到影响。

在人像摄影中一定要选择干净整洁的背景,因此在创作中,常常会挑选风景优美的公园或者风景区作为拍摄地点,目的是为了取得漂亮的背景,比如在婚纱摄影中,常常到海边取景,或者到摄影公司自建的外景基地取景,而不是随意选择一个杂乱无章的地方进行拍摄。在商业摄影中,更是常常花重金组织拍摄团队外出拍摄,足见背景的重要性。

如果是在比较杂乱的环境中拍摄,比如校园,则要认真观察、分析环境,然后做到以下几点。

(1)通过变化机位和角度,找到干净整洁的背景。

(2)在环境杂乱的情况下,尽量使用中长焦镜头把背景压缩。

(3)开大光圈,尽可能把背景虚化掉。

2.人物占比要适中

人像作品主要包含人物和背景两部分,人物在画面中所占的面积比例的大小影响着画面的美感,是创作中要处理好的一个重要关系,处理此关系的关键是看拍摄的环境。

在拍摄环境好的地方,人物占比应小一些,背景面积占比应大一些,可多用背景环境来烘托主题。

在摄影环境很杂乱的地方,则要把人物面积占比变大,背景面积占比缩小,用人物遮挡环境中杂乱的元素,尽量避开环境中的电线杆、垃圾桶、枯树枝等,以免影响画面的美观。

3.动作表情要到位

动作的线条直接影响画面的构图。在人像摄影中,模特的姿势和动作对创作有着举足轻重的作用。动作和表情将在5.1.5小节中详述。

5.1.5　人像摄影的姿势

在模特的姿势动作中,最大的要领在于"斜线",也就是在动作中尽量摆出斜线,画面则更加好看,如图5-3所示,模特的手臂、头部、腿部都是斜线,画面更加有美感。而在图5-4中,模特动作横平竖直,显得呆板,而且还有抬下巴的动作。因此,模特的动作姿势应尽量多摆出斜线,少摆横线和竖线。

斜线让画面构图更有美感,画面更加和谐、生动,那么人体有哪些斜线呢?

在模特的动作中,斜线主要包括头部斜线、上半身斜线、手部斜线、腿部斜线,如图5-5所示。

1.斜线的使用

(1)头部斜线。头部斜线主要是通过歪头实现的,如图5-6所示。

图 5-3 正确的动作

图 5-4 错误的动作

图 5-5 拍照姿势中的斜线（1）

图 5-6 拍照姿势中的斜线（2）

（2）上半身斜线。上半身斜线是通过身体前倾和后仰产生的，如图 5-7 和图 5-8 所示。

（3）腿部斜线。腿部斜线主要通过两腿交叉或者两腿相叠来实现腿部斜线，同时这两个动作也有瘦腿的效果，如图 5-9 和图 5-10 所示。

（4）手部斜线。手部最为灵活，因此能摆出的线条也是更加多样，可以摸头、抚脸、叉腰等。手部的动作有一种比较老套的动作要领——"四痛要诀"。所谓"四痛要诀"就是头痛、牙痛、腰痛、腿痛，哪里痛就摸哪里，就形成了手部的动作。

图 5-7　上半身前倾

图 5-8　上半身后仰

图 5-9　两腿交叉

图 5-10　两腿相叠

2．摆动作的忌讳

（1）头部和身体忌成一条直线。两者若成一条直线，难免会有呆板之感。因此，当身体正面朝向镜头时，头部应该稍微向左或是向右转一些，照片就会显得优雅而生动；同样的道理，当被摄者的眼睛正对镜头时，让身体转成一定的角度，会使画面显得富有生气和动势，并能增加立体感。

（2）双臂和双腿忌平行。无论被摄者的姿势是坐姿或是站姿，不要让双臂或双腿呈平行状，这样会让人有僵硬、机械之感。比较好的做法可以是一曲一直或两者构成一定的角度，这样，既可以造成动感，姿势又富于变化。

（3）坐姿忌凹陷。不能和平常坐凳子一样，将整个身体坐进椅子，这是一种很慵懒的坐姿，大腿就会呈现休息的状态，以至于腿上端多脂肪的部分隆起，使腿部显得粗笨，不适合拍照。正确的做法是让身体向前移，靠近椅边坐着，并保持挺胸收腹。

（4）忌抬下巴。抬下巴会让五官变形，正确的动作是收下巴，收下巴有瘦脸的效果。

（5）忌鞋底朝向镜头。拍摄时脚底不能朝向镜头，应该脚尖伸直，露出脚面，这样可以让腿显得更修长。

　　（6）忌藏手藏脚。有时候其中一只手被身体完全挡住，或者在屈腿的时候小腿被挡住，这样会感觉身体不完整。拍照时手和脚都要呈现在画面中，包括手指。

　　此外，尽量让体型曲线分明。对于女性被摄者来说，表现其富于魅力的曲线是很有必要的。通常的做法是让人物的一条腿实际上支撑全身的重量，另外一条腿稍微抬高一些并靠着站立的那条腿，臀部要转过来，以显示身材的曲线。

5.1.6　人像摄影的用光

　　摄影是用光的艺术，光线是摄影的生命，摄影就是用光线画画，这多种说法表明了光线在摄影中的重要性，摄影作品的艺术表现在很大程度上依靠的是光线。

　　从光源的角度分，光线大概分为两种，一种是室内的人工光源，另一种是室外的自然光线。有关室内布光的用光方法，本书在第4章中已有详述，此处不再赘述，在这里主要讨论和分析室外自然光线在人像摄影中的运用。

　　虽然室内的摄影闪光灯能把模特拍得很漂亮，但是世界上最美的光线并不是摄影闪光灯，而是太阳光，太阳光是最自然、最真、最美的光线。太阳光从早上充满希望地冉冉升起，到傍晚时分变成如血残阳，直到余晖落尽，给大自然增添了无限的风光，美不胜收。

　　对光线要有充分的理解，掌握光线的特性，才能运用好光线。

1．直射太阳光

　　直射太阳光光线强烈，称为硬光。硬光有明确的方向性，被摄对象有明显的受光面与背光面，明暗反差大，立体感强。

　　（1）晨曦与夕阳。对于摄影来说，太阳光的黄金时段就是太阳升起的前半个小时和日落的前半个小时，这个时间段的太阳光是创作的最佳时期，血红的光线与金黄的光线无疑是最美的光色，抓住这两段时间进行创作，最容易创作出好作品。

　　晨曦与夕阳是拍摄风光的最美光线，也是创作人像的最美光线，这个时间段主要拍摄逆光摄影作品居多，利用光线渲染环境，具有超强的艺术表现力，常常借助芦苇、狗尾巴草等植物作为点缀，如图 5-11 和图 5-12 所示。

图 5-11　夕阳逆光作品（大道无极）　　　　图 5-12　夕阳逆光作品（映山红）

（2）强度适中的太阳光。强度适中一般是指日出后 3 小时与日落前 3 小时左右的时间段,太阳光照度已经满足摄影的需要,但是还不太刺眼。

在这个时间段的光线很适合拍摄人像,可以得到比较锐利的效果,同时反差也不会太大,是进行商业摄影的最佳时间段,比如电商摄影、广告摄影等。在这个时间段进行拍摄常用的技巧有以下几个方面。

① 使用反光板。为了减低光比,减少画面的反差,常常用反光板进行补光,反光板是室外摄影最常用的摄影设备之一。

② 需要注意白平衡调节。在普通的摄影中,常常会选择"日光"的预设白平衡进行拍摄。但是在比较精细的摄影中,对白平衡的要求比较高,一般选用自定义白平衡,而且每过半个小时就要校准一次白平衡。因为太阳光的色温是不停地在变化的,为了得到更加准确的白平衡,就要进行时段性的校准。

③ 注意光线的角度。通过调整模特与照相机之间的方向,找到适合模特的光位。在这种光线条件下,主要运用的光位有三种:第一种是顺光,顺光适合拍摄女性,光线效果比较平面化;第二种是前侧光,前侧光会在模特脸上产生阴影,此时要用反光板补光减淡阴影,如图 5-13 所示;第三种是用太阳光作为轮廓光,塑造模特的轮廓,这个时候正面的光线会很暗,需要人工补光,如图 5-14 所示。

图 5-13　室外前侧光

图 5-14　室外侧逆光

（3）强烈的太阳光。强烈的太阳光下不太适合摄影创作,因为光线太强烈,画面反差会很大,而且刺眼的阳光会让模特眯眼。如果迫不得已,那就要选择在阴影下面拍摄,最好是在树荫底下。在这种情况下创作的作品,人物与背景之间的光线反差比较大,控制的方法有两个:一是用反光板补光,二是用 RAW 格式拍摄,在后期处理阶段压低亮部。

2. 散射光

散射光又称为软光,是一种散射的、不产生明显阴影的柔和光线。一般会在阴天、雨天、雾天或雪天出现,此时天空中云层较厚,太阳光经过云层之后,就变成了散射光,云层相当于一层柔光布的作用。

在这种光线条件下,照度有所欠缺,光线不理想,照片的层次感较差,并不是很适合创作。但是有一种情况却是最理想的,就是"薄云蔽日"的天气,此时云层不是很厚,光线经过薄云之后照度有一定的保证,光质不硬不软,层次感和立体感兼有,是一种非常理想的光线。

5.2 风 光 摄 影

风光摄影是摄影领域中的一个重要门类,以展现自然风光之美为主要创作目的,其独特的魅力令人神往。风光摄影包括自然风光摄影、城市风光摄影、夜景风光摄影等,是多元摄影中的一个门类。

自摄影术诞生起,风光摄影就在专业摄影领域独占鳌头,大量的摄影师投入到风光摄影的艺术创作中。人类第一张风光摄影作品——《窗外的景色》就是1826年法国人尼埃普斯拍摄的他自家窗外的景物,如图5-15所示。风光摄影是广受摄影者喜爱的题材。

图 5-15 《窗外的景色》(世界第一张照片)

5.2.1 风光摄影的器材选择

不同的主题和创作的环境对器材的要求也有所不同,要根据创作的主题与创作的意图选择适合的摄影器材。

1. 照相机的选择

照相机的选择主要根据创作的要求和拍摄的环境来决定,主要考虑以下两个方面。

(1)照相机品牌的选择。不同品牌的照相机适合不同题材的摄影创作,不同的照相机在色彩还原以及照片的锐度方面的表现有所不同。在风光摄影中,普遍认为尼康照相机的性能表现得更为优越一些。

(2)照相机档次的选择。在有条件的情况下,首选是全幅照相机,应选择感光元件尺寸大且高感下表现良好的照相机。

2. 镜头的选择

在风光摄影中必须带上的是短焦镜头,中焦段的镜头偶尔也会用到。如果条件不允许,则视情况进行取舍,首选一定是 16 ~ 35mm 的镜头。

短焦视角宽,视域辽阔,能够很好地表现出场景的气势,是风光摄影中的不二选择。

3.其他配件选择

(1)三脚架。三脚架是风光摄影中必备的设备。在风光摄影中不用大光圈,一般都是用中小光圈,而感光度一般用最低,此时快门速度可能不够快,特别是在拍摄夕阳或者晨曦的时候,这就需要用三脚架固定照相机,因此有一种很夸张的说法是:"没有三脚架时,我从不拍风光。"虽然稍嫌夸张,但从话里所反映出来的职业摄影师对三脚架的重视程度却是一点也不假。

(2)滤镜。风光摄影中会常用到偏振镜,这种滤镜有助于压暗天空,使天空的蓝色显得更加纯净,同时也会消除一些反光。不过在数码摄影时代,滤镜越来越不受重视。

5.2.2　风光摄影的参数设置技巧

在风光摄影中,大部分情况下都使用 M 档进行拍摄。在 M 档下,所有参数都要自行调整,主要的参数包括快门、光圈、感光度、白平衡、照片风格、测光与曝光。

(1)快门。快门速度越快,照片的清晰度就越有保障。因此,在快门参数的选择上要遵循"能快则快"的原则。但是,在风光摄影中基本都会使用三脚架,因此,对快门的速度要求并没有那么严格。

(2)光圈。光圈越大,景深越小。风光摄影追求大景深,所以,一般情况下不使用大光圈,都选择中小光圈,一般是小于 F11 的光圈。

(3)感光度。感光度越高,画面噪点越大,因此要控制好感光度的系数。在风光摄影中因为有三脚架,所以快门速度可以适当变慢。因此,可以不用太高的感光度破坏画面的质感,一般使用低的感光度,参数一般选择 100 或者 200。

(4)白平衡。白平衡主要是根据现场的光线选择,选择的技巧请参看 2.4 节的内容。

(5)照片风格。在佳能照相机中,照片风格选择自定义方式,锐度、反差、饱和度都可以稍微提高一点,让画面的清晰度和色彩表现更加理想。

(6)测光与曝光。在风光摄影中要严格遵守"宁欠勿过"的原则,以方便后期调整。因此在测光时要顾及画框中最亮的部分,比如天空,在控制曝光时,不能让画框中的亮部曝光过度。

5.2.3　风光摄影构图

在风光摄影中,除了照相机的基本参数要设置正确之外,更重要的是构图,构图不好则很难表现出自然风光的美,也无法很好地表达摄影者内心的想法,因此,构图是我们创作摄影作品的重要组成部分,只有掌握了基本的构图方法,才能创作出充满视觉冲击力的摄影作品。

1.利用前景

在风光摄影中,前景的作用是独一无二、不可撼动的,在创作中起着至关重要的作用。前景具有烘托主体和装饰环境的作用,并且有助于增强画面的空间深度、平衡构图和美化画面,如图 5-16 和图 5-17 所示。

图 5-16 利用前景进行构图

图 5-17 眺望长城（胡庆凯）

利用前景构图有两种方法：一种是前景虚化，主体清晰，如图 5-18 所示；另一种是前景清晰，主体虚化，如图 5-19 所示。前一种方法是比较常见的构图方法，后一种方法比较艺术化，表意更加含蓄，比较符合东方人的视觉习惯。

图 5-18 前景虚而主体实

图 5-19 前景实而主体虚

很多时候，作品给人的感觉平淡无奇，缺乏现场感受到的震撼和美丽，就是因为没有很好地安排画面的层次。解决这个问题最好的办法就是在构图时要安排前景，如此画面便会变得层次分明、内容丰富。

2．选用合适的构图基本形式

构图基本形式有很多种，在风光摄影中，最常用的形式有水平线构图、垂直线构图、黄金分割法构图、曲线构图和框架式构图。

- 水平线构图。常用于拍摄草原、大海、天空较低的场景。
- 垂直线构图。常用于城市建筑，或者在茂密的森林中拍摄。
- 黄金分割构图。比较大众化的构图形式，在很多题材中都能运用到。
- 曲线构图。一般用于拍摄有路和河流的场景。
- 框架构图。常用于拍摄长城、古建筑等，常常以长城垛口、古建筑的门窗作为前景框架。

5.2.4 风光摄影用光

在风景摄影中，光对于摄影的重要性不言而喻，有了光的照射，画面才会产生明暗的层次、线条和色调。

拍摄风光主要是以太阳光作为光源,太阳的位置不同,照射在景物上时产生的效果也不同。摄影用光主要包括顺光、前侧光、侧光、侧逆光、逆光。

顺光的层次感较差,但是景物较为清晰,色彩还原更真实准确。除了顺光之外,前侧光、侧光、侧逆光、逆光的层次感较强,但是色彩表现没有顺光好。

风光摄影与人像摄影用光一样,在太阳初升的半个小时与日落前半个小时是风光摄影的黄金时间,是摄影用光最好的时间段,如图 5-20 和图 5-21 所示。

图 5-20 晨曦   图 5-21 日落时分(周正森)

5.3 电商摄影

在电子商务迅猛发展的今天,电商摄影成为摄影领域不可缺少的一部分,在摄影市场上所占的地位也越来越重要,在将来网络化的时代,图片成为商品交易最重要的一种展示手段,电商摄影还将不断发展。

电商摄影是指作为电商用途而开展的摄影活动。主要是以商品为主要拍摄对象,通过反映商品的形状、结构、性能、色彩和用途等特点,从而引起顾客的购买欲望。

摄影按照类型分类,大致可以分为珠宝摄影、人像摄影、服装摄影、内衣摄影、箱包摄影和写真摄影等类型。

5.3.1 电商摄影的策划

电商摄影是一个团队协作完成的活动,为了团队协作更加紧密,在拍摄之前进行策划是十分必要的。

制订拍摄方案是摄影策划的主要内容。电商服装类拍摄方案模板如表 5-2 所示,电商商品类拍摄方案模板如表 5-3 所示。

表 5-2 电商服装类拍摄方案模板

拍摄的产品	
一、拍摄风格	
二、拍摄时间、地点	
三、团队成员及分工	
四、模特简介	(姓名、身材基本信息)

续表

五、拍摄内容	(主图、展示图、细节图等)
六、构图	
七、用光	
八、动作设计	
九、道具	
十、后期色调	
十一、预期效果	(类似风格的照片)

表 5-3 电商商品类拍摄方案模板

拍摄的产品	
一、产品材质	
二、拍摄时间、地点	
三、团队成员及分工	
四、背景选择	
五、道具	(主图、展示图、细节图等)
六、拍摄内容	
七、构图	
八、用光	
九、后期色调	
十、预期效果	(类似风格的照片)

5.3.2 电商摄影的器材选择

1．照相机的选择

在电商摄影中,对图片的像素要求并不高,普通手机的像素完全可以满足要求。但是这并不意味着可以用手机进行拍摄,由于手机对色彩进行还原的性能不高,画质较差,大部分手机拍摄的图片很难达到专业级别的水准。因此,要拍摄出专业水准的商品图片,对照相机的要求还是比较高的,不仅要用专业的单反照相机,而且最好是全画幅的单反照相机。因为在色彩还原方面有优异表现的照相机才能达到专业的画质水准。

2．镜头的选择

在镜头的选择上主要是看是在室外拍外景还是在摄影棚拍摄,如果是在摄影棚拍摄,那么首选就是 24 ~ 70mm 的镜头,用中间标准段进行拍摄。拍摄模特和拍摄产品都一样,用标准镜头 50mm 即可。如果是拍摄外景,最好用 70 ~ 200mm 的中长焦镜头,便于拍摄虚化背景的图片。在外景淘宝模特摄影中,如果背景不进行虚化,主体就会被弱化,主体产品就不够突出。

3．其他配件的选择

(1) 外景模特拍摄。外景模特拍摄主要的摄影配件是反光板和外拍闪光灯。
(2) 摄影棚拍摄。摄影棚拍摄主要的配件是闪光灯、摄影台、引闪器等,这是摄影棚

拍摄的常用设备。

5.3.3   电商摄影的参数设置技巧

在电商摄影中,大部分情况下都使用 M 档进行拍摄。参数的设置要分两种情况进行不同的设定,拍摄外景模特与在摄影棚拍摄所用的参数是不同的。

1．外景模特拍摄

(1) 快门。快门速度越快,照片清晰度就越有保障。因此,在快门参数的选择上要遵循"能快则快"的原则,不能慢于安全快门。

(2) 光圈。光圈越大,景深就越小。为了突出主体和产品,常常对背景进行虚化,因此一般都用偏大的光圈,比如 F2.8 或者 F4。

(3) 感光度。感光度越高,画面噪点就越大,因此,要控制好感光度的系数。在外景摄影中一般使用低的感光度,参数一般选择 100 或者 200。

(4) 白平衡。白平衡主要是根据现场的光线选择,选择的技巧请参看 2.4 节的内容。如果太阳光较强烈,一般都会选择用"日光"白平衡预设。

2．摄影棚拍摄

(1) 快门。通常选用 1/125s。在佳能的大部分照相机中,最快不能超过 1/200s。如果用到 1/250s,则照片会出现半边黑的现象。

(2) 光圈。光圈最好使用中等光圈,因为中等光圈的成像质量最好,一般用 F11 左右。

(3) ISO。ISO 使用 100 左右,感光度越高,画面噪点越明显,因此要用低的感光度,确保画面的质量。如果发现曝光不足,可以通过调节灯的亮度和光圈值达到准确曝光,而不是调节 ISO 的参数。

(4) 白平衡。白平衡使用"日光"模式或者自定义方式都可以。如果自定义选择参数,则应选择色温为 5500K 左右的参数,因为室内闪光灯的色温大概为 5500K。

5.3.4   电商摄影的用光技巧

在外景模特的拍摄中,常常选择在阴影下拍摄,光线较柔和,而且阴影下的光是天然的大平光,拍摄出来的图片没有太多的阴影,能充分展示产品的材质和款式。此外,在太阳光还不算太强烈的情况下,也可以选择在阳光下拍摄,一般选择顺光位。

在摄影棚中拍摄时,多数情况下会选择用鳄鱼光和环形光,另外增加 1 ~ 2 盏轮廓灯,以增强画面的层次感和立体感。

5.4   人 文 摄 影

人文是人类文化中的先进部分和核心部分,即先进的价值观及其规范,包括物质文化与精神文化两部分,是人类先进、文明的体现。

人文摄影是以人类先进的文化为表现的对象,用于表现人类先进的物质文化与精神文化的一种摄影类型。

人文摄影以关注生活、关注社会为创作的核心,关注人与自然的、人与人之间的社会关系。作品有很突出的主题思想和文化精神内涵,传递科学进步的人生观与价值观。摄影者有人文情怀和社会责任感。

在创作的过程中追求用自然、简单、朴实、客观的拍摄手法,减少对拍摄对象施加影响,让拍摄对象自然地呈现出其本质和状态。有时候画面虽然不华丽,甚至不美观,但是充满思想表达的张力,触及观者的内心,感染观者,引发他们内心的思考。

在人文摄影的创作中有两幅经典的人文摄影作品,一幅是袁学军在1992年拍摄的《英雄探妻》,如图5-22所示;另外一幅是解海龙拍摄的《大眼睛》,如图5-23所示。

图 5-22　《英雄探妻》(袁学军)　　　　图 5-23　《大眼睛》(解海龙)

《英雄探妻》表现的是军人的家国情怀,以及军人的铁骨柔情,为了祖国的需要,贡献了自己,获得军功无数,但是很难尽到照顾家庭的责任,表现的是一种“舍小家顾大家”的家国精神。作品讲述的是军人张良善,胸前挂满军功章的他,站在因难产而去世的亡妻坟前闭目流泪祭拜。定格的这个瞬间成为经典,成了人文摄影的经典之作,至今仍是中国军人家国天下、重情重义的形象代表,感动着每一个人。

《大眼睛》拍摄于当时贫穷落后的农村,很多小孩因为贫穷不能上学,失去了受教育的权利。这幅作品是为“希望工程”拍摄的,作品中女孩渴望知识、渴望上学的眼神触动了很多的人,很多人因此参与到希望工程中,为贫困地区的教育捐款,建起了一座座希望小学,让更多的孩子走进了学校,走进了课堂。

5.4.1　人文摄影的创作技巧

1. 设备选择

(1) 照相机的选择。要使用对焦速度较快的照相机,因为在人文摄影中常常需要抓拍,对焦速度要足够快才能实现抓拍。

(2) 镜头的选择。在人文摄影中为了获得更客观真实的影像,常常使用标准镜头进行创作,因为标准镜头的影像与人的视觉最为接近。其次是选用短焦镜头,因为短焦镜头更有现场感,观者更有身临其境之感。在人文摄影中较少使用长焦镜头,因为长焦镜头与短焦镜头正好相反,现场感比较差,会有偷拍的感觉。但是长焦镜头的优点是画面背景被压缩、被虚化,画面显得干净、简洁。在摄影对象不太愿意被拍摄时,用长焦镜头是把自己隐藏起来的最好方法。

2．参数选择技巧

（1）拍摄模式。由于人文摄影的拍摄环境是不确定的，无法预测光线条件，如果选用手动模式则无法抓拍。在人文摄影创作中通常使用光圈优先模式或者快门优先模式，光圈优先模式便于控制景深，快门优先模式便于控制快门。

（2）使用 RAW 格式。在人文摄影中，曝光常常难以把握，因为每次按下快门时都没有足够的时间进行测光及调整参数，因此拍摄的照片常常会曝光不足或者过度。解决这个问题的最好办法是选择专业的摄影格式——RAW 格式，才能给后期校准曝光提供更大的空间。

（3）测光模式。在非逆光情况下，用评价测光即能获得不错的曝光效果；逆光情况下则可以使用点测光。

（4）感光度。感光度视光线的强弱而定，一般设定在 200 ～ 400，以应付可能的光线明暗剧烈变化。如果感光度为 400 时仍无法完成拍摄，则不可避免地应提高感光度。

（5）白平衡。使用自动白平衡即可。如果用 RAW 格式，后期校准白平衡将是一件很容易的事情。

（6）选用连拍模式。在人文摄影中，抓拍是一件很难的事情，很难预测人物的动作和表情何时最佳。为了不错过精彩的动作和表情，在部分拍摄情况下常常选用连拍模式。

5.4.2　人文摄影的表达技巧

1．人文摄影的主题立意

人文摄影中最重要的是主题立意，主题是作品的灵魂，有了主题的表达，才能赋予作品精神内涵。

摄影艺术与文学艺术一样，都是要表达创作者内心想表达的思想，只是表达的形式不一样。文学是用文字进行表达，摄影是用光影进行表达，同样都需要关注思想层面的内涵。

在人文摄影创作中，主题先行，所有的技术都要围绕主题服务。

2．作品名

在人文摄影主题表达中，作品名起着很重要的作用，一幅成功的人文作品拍摄固然重要，但一个好的作品名也会让作品增色不少，可以起到画龙点睛的作用。有时候，一幅看似很平常的作品，在经过修改作品名之后，就会变得绝妙不已，令人拍案叫绝，如图 5-24 和图 5-25 所示。

从画面上看，这两幅作品无论从摄影技术还是摄影艺术的角度看都是比较普通的，没有特别的构图，也没有特别的光线，甚至画面还略显杂乱。如果没有作品名的提升，可能会成为"废品"，被束之高阁，抑或被删掉；但是取了作品名之后，作品的生命力一下子显现出来了，作品也因此有了审美情趣和艺术价值。

《新款的士》这幅作品的名称既点明了车的作用，又凸显了时代特征，还带有一种调侃的意味，通过风趣和幽默的方式表达出了作品的主题，体现了人们生活中的创意，也体现出了人们生活的不易，以及人们不畏艰辛的劳动精神。而《一目了然》这幅作品很有

<<<<<<<<<

趣味性,但是如果没有作品名,可能被误认为是一次搞怪的甚至是恶作剧的拍摄。作品名提升了主题,让作品的趣味性更强,同时也让作品的表达更上一层楼,更具有丰富的内涵。此外,一目了然这个成语从侧面也反映了运动员的敏捷,以及运动技能的高超。名字起到了点题的作用,可谓画龙点睛之笔。

图 5-24 《新款的士》(周承伟)

图 5-25 《一目了然》(孙兰)

好的作品名可以提升主体,有画龙点睛的作用,但是取一个好的作品名并不容易,需要作者有深厚的文字功底、较宽的知识面和丰富的想象力。可供参考的一些具体方法如下。

(1)借用。借用成语、俗语、歌名、书名、诗句以及一些流行语等,图 5-26 所示为借用书名,图 5-27 所示为借用歌名。

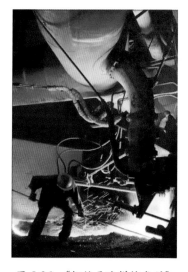

图 5-26 《钢铁是这样炼成的》
(杨润渝)

图 5-27 《咱们工人有力量》(何进文)

(2)比喻。比喻是把拍摄对象当成另外一种神似的事物。图 5-28 所示的是把工人比作是曲谱中的音符,表达了赞美劳动的主题。电线是五线谱,工人是五线谱上的一个个音符,工人的劳动给千家万户送去了光明,就像是在为社会谱写一曲优美的歌曲。图5-29所示的是把人比喻成含羞草,把小女孩含羞带怯的内心刻画得淋漓尽致。

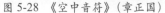

图 5-28 《空中音符》(章正国)

图 5-29 《含羞草》(段世敏)

(3) 拟人。拟人是把事物人格化,将本来不具备人的动作和感情的事物变成与人一样具有动作和感情的样子。如图5-30所示,利用拟人的方法命名,把蜻蜓的行为比拟成人的行为,让作品有了内涵,也拥有了更深的寓意;如图5-31所示,把鸭子的动作比拟成人的动作,似乎正在跳舞,增强了画面的美感,同时画面也变得鲜活起来。

图 5-30 《小憩》(伍红卫)

图 5-31 《冰上圆舞曲》(章正国)

(4) 双关。双关就是利用词的多义或同音的条件有意使语句具有双重意义,言在此而意在彼。如图5-32所示,利用同音双关的手法,即用了“船”与“传”的谐音,“船说”表明了具体的事物,而“传说”则说明了船的历史,同时也体现了这些斑驳的船板充满了很多的传说和故事,作品的含义变得丰富。如图 5-33 所示,利用了词义双关的手法,"甜蜜"一词既表明甘蔗味道的甜蜜,同时又指农民丰收了,生活也会像甘蔗的味道一样,过得甜蜜,过得幸福,一语双关。

图 5-32 《美丽的船说》(欧阳世忠)

图 5-33 《收获甜蜜》(杨惠耘)

（5）升华。升华是指把普通的场景赋予更高层次的寓意,上升到文化、思想、人生、人性的高度。如图 5-34 所示,本身是一个女孩留着长长的辫子,没有太多的鉴赏价值和艺术价值,但是取名之后,主题就升华了,变成了代表中国女孩的一个符号,体现了中国姑娘留长辫子的传统特征,变成了传统文化的一部分,而且还具有国际化的视野。作品由一幅简单的人像作品升华为表达中国传统文化的人文摄影作品,主题立意得到了升华。如图 5-35 所示,拍摄的是普通的场景,但是作品名字把普通的场景升华到生活的高度,编制的不仅仅是筐,而是生活,表达了对美好生活的一种向往。

图 5-34 《中国姑娘》(张艺谋)

图 5-35 《编制生活》(吴建清)

>>>>>>>>

5.4.3　人文摄影的抓拍技巧

抓拍是人文摄影中常用的摄影技巧,抓拍可以捕捉目标景物"刹那即逝"的影像,画面鲜活、自然,更有视觉的冲击力。如图 5-36 所示,一张静止的画面中,却让人感觉鱼和人都是动态的,画面鲜活、生动,充满动感。

图 5-36　摄影抓拍

在摄影的抓拍中,常常运用"决定性瞬间"(the decisive moment)理论,这个理论是法国摄影家亨利·卡蒂埃·布列松提出的,是指摄影者在某一特定的时刻,将形式、构图、光线、事件等所有因素完美地结合在一起。摄影师通过抓拍手段,在极短暂的几分之一秒的瞬间内,捕捉具有决定性意义的事物,并用强有力的视觉构图表达出来。摄影史上许多经典镜头都是"决定性瞬间"的代表。

1.《决定性瞬间的美学》

作品如图 5-37 所示。

摄影师:布列松。

拍摄时间:20 世纪 30 年代。

这张照片是布列松抓拍艺术中的代表名作。在前景中跳跃的男子,其身影恰好跟背后招贴广告中跳跃女郎相似,一前一后,加上水中的倒影,相映成趣。这个拍摄瞬间,也正是布列松心目中的"决定性的瞬间"。

这种瞬间的抓拍,依赖于摄影师平日素质的养成,对拍摄现场敏锐的观察、预判和人机的默契。"为了赋予世界意义,摄影者必须感受到自己

图 5-37　《决定性瞬间的美学》

>>>>>>>>>>

摄入取景器中的事物。"布列松以此为基本理念进行拍摄。这也是每一位摄影人应该学习和必须做到的,摄影中决定性瞬间的前提也在于此。

2．《男孩》

作品如图 5-38 所示。

摄影师：布列松。

拍摄时间：1958 年。

《男孩》这张照片的题材并不重大,但却是布列松拍摄的一幅脍炙人口的名作。照片表现了这样一个男孩：两只手里各抱一个大酒瓶,十分高兴地走回家去,像是完成了一项光荣而艰巨的任务。照片中人物在那一瞬间的情绪十分自然真实,显示出布列松熟练的抓拍功夫。

3．《胜利之吻》

作品如图 5-39 所示。

摄影师：阿尔弗雷德·艾森施泰特。

拍摄时间：1945 年。

《胜利之吻》也称作"胜利日之吻""世纪之吻"。1945 年日本宣布无条件投降时,纽约民众纷纷走上街头庆祝胜利。在纽约时代广场,一位水兵在欢庆活动中亲吻了身旁的一位女护士,这一瞬间被《生活》杂志的摄影师阿尔弗雷德·艾森施泰特抓拍了下来,成为传世的经典历史画面。从此以后,每年 8 月 14 日都有数百对男女在时代广场重现"胜利日之吻",以纪念第二次世界大战结束。

图 5-38 《男孩》

图 5-39 《胜利之吻》

4.《温斯顿·丘吉尔》

作品如图 5-40 所示。

摄影师：卡特。

拍摄时间：1941 年。

1941 年 1 月 27 日，刚开完会的丘吉尔来到唐宁街 10 号的一个小隔间要拍摄几张表现"坚毅刚强"的照片。然而，抽着雪茄的丘吉尔显得过于轻松，跟卡特所设想的领导神韵不符，于是卡特走上前去，一把扯走丘吉尔嘴里的雪茄，丘吉尔吃了一惊，他被卡特的举动激怒了。就在他怒视卡特的一刹那，卡特按下了快门。这张照片成了英国抵抗法西斯战争的宣传照片，丘吉尔脸上愤怒、坚毅的表情鼓励了英国民众，坚定了人们抵抗法西斯的决心和信心，在当时的社会环境下，这张照片起到了相当重要的政治作用。这幅作品广为流传，成为丘吉尔照片中最著名的一张。

5.《倒下的士兵》

作品如图 5-41 所示。

摄影师：卡帕。

拍摄时间：1936 年。

1936 年爆发的西班牙内战最终给了反法西斯主义者们以武力反抗法西斯的机会。在安达卢西亚，卡帕拍摄了一名西班牙共和党（保皇派）武装人员被击中倒下的瞬间，这或许是史上最伟大的战争照片之一，也是卡帕最具争议的照片。关于这张照片是否摆拍，在当时受到了巨大的争议，但是这个摄人心魄的瞬间，应该最能震撼人的内心，因为这是死亡的瞬间，是一个鲜活的生命结束的瞬间。

图 5-40　《温斯顿·丘吉尔》

图 5-41　《倒下的士兵》

5.5　练 习 题

项目实操题

（1）以小组为单位，以淘宝摄影为例，以团队协作的方式，在室外利用自然光完成一件服装的拍摄与后期制作。要求如下。

<<<<<<<<<

① 必须拍摄服装。

② 拍摄要协作完成,后期制作要独立完成。

③ 做好策划,策划书必须上交,作为项目评分考核的一部分。

④ 前期拍摄图片的数量为 50 张以上,有每个角度的模特展示的拍摄,也有细节拍摄。

⑤ 后期制作 5 张主图和 1 张详情图。

(2) 以"阅读我的大学"为题,拍摄人文摄影作品一张。要求如下。

① 曝光准确,对焦准确。

② 构图严谨,用光巧妙,有一定的艺术表现力。

③ 有标题、有主题。

第6章 摄影后期处理

本章学习目标

- 掌握 Lightroom、Photoshop、Camera Raw 软件的基础应用；
- 掌握后期修图的基本技巧；
- 掌握快速磨皮与皮肤精修方法；
- 理解色彩的原理与常用技巧；
- 掌握电商后期处理的技巧。

摄影和后期处理是紧密相连的两部分，摄影是基础，后期处理是完善与提高，两者相辅相成。摄影是还原现实场景，后期处理把现实的场景变得更加艺术化。数字化时代给摄影后期提供了无限的可能性，也提供了无限的提升空间，因此有人说："三分拍摄，七分处理。" 摄影后期的魅力让人无法抗拒。

摄影后期处理有两大核心技能，一是皮肤处理，二是调色。摄影后期处理中常常用到这两项技能，这也是摄影后期处理中最出彩的两部分。

在人像摄影中，常常需要通过后期处理的方法让模特的皮肤充满质感，如图 6-1 所示。

图 6-1　人物的皮肤处理前后

在场景人像摄影中，常常通过后期处理的方法调节场景的色彩，让本来毫不起眼的场景变得极具艺术表现力，如图 6-2 所示。

在风光摄影中，常常通过后期处理调节图片的色彩，从而使图片变得令人赏心悦目，充满艺术表现力，如图 6-3 所示。

<<<<<<<<<<

图 6-2 作品的色彩处理前后

图 6-3 风光作品调色前后

6.1 常用的后期处理软件

6.1.1 Lightroom

Lightroom（以下简称 LR）是一款兼备图片管理和图片处理功能的软件，是摄影后期中不可或缺的一款软件，其超强的校正工具、强大的组织功能以及灵活的打印选项可以帮助摄影师加快图片后期处理速度，特别是图片管理功能是其他软件无法替代的。

LR 软件不仅是一款图像后期处理软件，而且还为用户提供了数码摄影后期处理的整体解决方案，包括图片处理、图片管理、分享等，软件界面如图 6-4 所示。

软件最主要的功能模块包括图库、修改照片、地图、画册、幻灯片放映、打印、Web 等，最为常用的是图库和修改照片两个模块。

① 图库：管理所有的照片。

② 修改照片：图片处理。

③ 地图：查看或标记照片的地理位置，可通过 GPS 定位照片。

④ 画册：把照片制作成画册，可以通过自助出版供应商 Blurb 上传、打印，也可以将画册输出为 PDF 格式。

⑤ 幻灯片放映：把照片做成幻灯片的效果进行播放。

⑥ 打印：支持照片在本地打印或远程打印。

⑦ Web：可以把照片用 H5 做成画册、画廊，然后上传到网站。

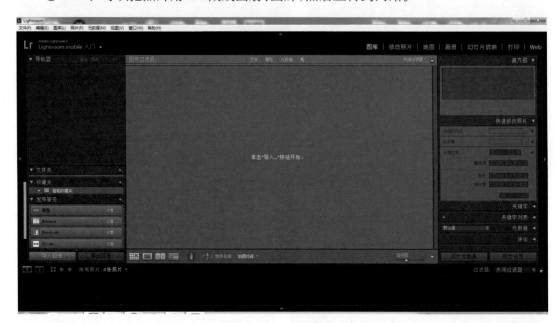

图 6-4　Lightroom 软件界面

1. 图库

图库可以实现对照片的智能化管理，是其他软件无法替代的一项功能。软件的图库模块拥有快速查找照片及批量处理照片的能力，让图片管理变得更加轻松、高效，如图 6-5所示。

图 6-5　LR 图库界面

一个摄影师经过日积月累，照片和视频越来越多，照片的管理就成了一个棘手的问

题,很多时候会想不起某张照片存储的位置,也搞不清楚这些海量的照片中照片的拍摄时间和地点;抑或在图片的管理中,想在图片中增加拍摄时间和拍摄地点,但很难实现批量处理。LR 软件可以帮助管理照片,可以快速找到某张照片或者某段视频,并可以轻松地完成批量图片的处理。

假如把图片比作衣服,一个人有几万件衣服,分别由几百个衣柜存放在好几层楼中,如果单靠人脑,在这些衣服中找到某一件衣服是一件非常难的事情。于是就在计算机中建立一个存储这些衣服信息的数据库,分别保存好这些衣服的款式、颜色、存放位置等信息,当你想要某件衣服时,只要把你想要找的衣服的筛选条件输入计算机,那么你想找的衣服就会很快呈现出来,这样就可以快速准确地找到这件衣服。LR 所起到的作用就是一个数据库的作用,帮助管理图片和找到图片。

图库功能的实现有赖于图库模块下面的目录、文件夹、收藏夹、过滤器几个模块的功能,如图 6-6 所示。

（1）LR 软件中的目录模块是 LR 对照片文件进行管理的核心。这里的目录跟计算机系统中的目录含义不一样,计算机系统里的文件目录是存放照片的文件夹,是存放文件的一个容器。而 LR 中的目录不存放照片文件,只存放照片的相关数据,它实际上就是一个照片数据库,同时还存储了照片文件的属性,比如文件名、文件大小、拍摄的元数据、编辑修改的脚本文件等一系列的数据。因此,把计算机中的照片导入到 LR 的目录时,导入的只是数据,并不是实际的照片。

图 6-6　LR 图片管理界面

（2）LR 软件中的收藏夹可以将照片组合在同一个位置,以便用户能够轻松地查看照片,用户可以在收藏夹中定义自己的收藏夹,同时配合智能收藏夹使用。

（3）LR 软件中的过滤器可以通过不同的条件实现图片的筛选,有三种过滤方式,包括文本、属性、元数据,如图 6-7 所示。

图 6-7　LR 图片过滤器

①"文本"过滤。需要输入关键字,包括文件名、副本名、标题、题注等。

②"属性"过滤。属性包括旗标、星级、颜色、类型四种。比如要过滤出五星级的照片,单击五星,则所有五星级照片都被显示出来。当然,用属性过滤之前,需要先对照片进行属性的设置。

③"元数据"过滤。元数据包括日期、相机、镜头、标签四项。
通过图库的过滤器,可以轻松找到想要的照片。

2．修改照片

在软件的右上角的模块功能选项中选择"修改照片"选项,就可以进入到照片修改界面,如图 6-8 所示。

图 6-8　LR 图片修改界面

图片修改所有功能都在"工具条"与"修改面板"上,如图 6-9 所示。工具条包括裁剪叠加、污点去除、红眼校正、渐变滤镜、径向滤镜、调整画笔。在修改面板中,包括基本、色调曲线、HSL/ 颜色 / 黑白、分离色调、细节、镜头校正、效果、相机校准等调色的主要工具。

3．工作流程

与一般的图形处理软件不同,LR 不能直接打开一个照片文件并进行处理,这一点让很多初次接触它的人非常不习惯。要打开一个照片文件,LR 必须进行"导入"操作。导入后,就可以在 LR 的图库里面看到这个照片,并进行后续的任何操作,如裁剪、调整曝光、调整色彩、应用特效等。完成照片的处理之后,如果想要在其他的程序中

图 6-9　LR 图片修改面板

使用这个修改过的照片,如上传到网络相册、用邮件发送给朋友或在其他文档如 Word 或 PowerPoint 里面使用,就必须将照片进行"导出"的操作。导入和导出就是 LR 明显区别于其他图像应用软件的重要特点。LR 对照片的工作流程主要是导入、编辑、导出,如图 6-10 所示。

>>>>>>>>>

图 6-10　LR 工作流程

6.1.2　Photoshop

LR 软件在处理 RAW 格式图片时有先天的优势,但是这款软件并不具备所有摄影后期处理的功能,比如 Lab 色彩调色、可选颜色、磨皮等,此时就需要另外一款更加强大、功能更多的软件——Photoshop 软件（以下简称 PS),其界面如图 6-11 所示。

图 6-11　Photoshop 软件界面

PS 软件是一款应用非常广泛的软件,涉及各个领域,包括摄影图片处理、平面设计、绘画、文字创意等。

在后期处理的过程中, PS 中很多功能是其他软件无可替代的,特别是精细化调色和精细化皮肤处理。

任何一张专业的数码照片,一定要经过 PS 的修饰才能达到理想的效果。PS 是摄影后期处理必须经过的一道工序,也是非常重要的一道工序,在整个图片后期处理的流程中占据着重要的地位。

6.1.3　Camera Raw

PS 不能直接处理 RAW 格式的照片,需要借助 Adobe Camera Raw（以下简称 ACR）来完成 RAW 格式照片的处理。ACR 不是一款独立的软件,最早是作为 PS 的一个插件出现的。目前,在最新的 PS 的 CC 版本中, ACR 是作为 PS 的一款滤镜出现的。ACR 有强大的调色功能,有着非常人性化的调色功能选项。

ACR 与 LR 都是 Adobe 公司研发的产品,因此, ACR 中的调色面板与 LR 的修改照片面板极其相似,包含有色调曲线、HSL/ 灰度、色调分离等功能,ACR 软件界面如图 6-12 所示。

>>>>>>>>

图 6-12　ACR 软件界面

　　在 Photoshop CS6 中，要通过调整首选项的功能才能导入图片，然后进入到 ACR 调色面板中。设置调整软件首选项功能的步骤如下：选择"编辑"→"首选项"→ Camera Raw 命令，打开 Camera Raw 首选项面板，并在"JPEG 的选项"下选择"自动打开所有受支持的 JPEG"选项。而在 PS 的 CC 版本中，在"滤镜"菜单下可以找到 Camera Raw 滤镜。

　　在 Camera Raw 中，最常用的调色面板有两个：一个是"基本"面板，如图 6-13 所示；另一个是"HSL/灰度"面板，该面板下包括了色相、饱和度、亮度，如图 6-14 所示。

图 6-13　"基本"面板

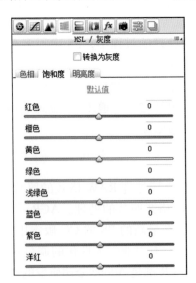

图 6-14　"HSL/灰度"面板

>>>>>>>>>>

6.2 图片的基本处理

图片的基本处理包括二次构图、去灰、修型、锐化等。

6.2.1 二次构图

所谓二次构图,就是利用后期处理的方式,运用"裁剪"工具,对图片进行重新裁切。

在前期拍摄中,并不是每张照片的构图都是完美的,有时候需要在后期中进行重新调整,如图6-15所示,主体不突出,可以利用裁切工具对其进行二次构图,裁切之后的主体更加突出。

图 6-15　二次构图的前后效果

二次构图的操作步骤如下。

(1) 在左侧工具框中选择"裁剪"工具,如图6-16所示。

(2) 在图片中调整裁剪边框,如图6-17所示。

(3) 在图片保留的区域中,双击确定。

图 6-16　"裁剪"工具　　　　　　图 6-17　调整裁剪边框

6.2.2 去灰

有时候图片看上去灰蒙蒙的,感觉不清晰,这是因为图片的灰度大造成的。产生灰度

>>>>>>>>>

有多种原因,主要原因有两个:一是空气质量差、有雾或霾的时候,因能见度低造成的;二是由于入射光线造成的。经过去灰之后,图片的清晰度得到提高,照片变得通透清晰,如图6-18所示。

图6-18　去灰前后的效果

去灰有多种方法,常用的方法有两种:第一种方法是用色阶进行调整,这种方法最直接、简单、方便;第二种方法是通过图层的"柔光"混合模式进行调整,这种方法比较通用,在大部分的照片中都能获得较好的去灰效果。

方法一:通过色阶去灰。

🦅 通过色阶去灰的操作步骤如下。

(1) 创建色阶调整层,会看到图片的色阶图,如图6-19所示,在直方图中可以看到图片缺失的暗部信息。

(2) 单击"自动"按钮,或者单击左边的调整点,再向右移动,即可完成去灰操作,如图6-20所示。

方法二:通过设置图层混合模式去灰。

🦅 通过设置图层混合模式去灰的操作步骤如下。

(1) 复制一个图层。

(2) 设置图层混合模式为"柔光",即可获得去灰效果,如图6-21所示。

图6-19　原图色阶图　　　　图6-20　去灰后色阶图　　　　图6-21　去灰后的图层面板

6.2.3 修型

修型是对人物的身材比例、身材、脸部做轻微的矫正,让人物看起来更加好看。不过需要注意的是,修型一定不能做得太明显,最好是做微小的调整。

1.拉长腿

大部分人的身材比例都是不完美的,比如腿不够长,看起来身材不协调。可以通过后期处理的方法实现完美的身材比例。

拉长腿的操作步骤如下。

(1)把画布长度增大到 25 厘米,并调整定位点,如图 6-22 所示。

(2)利用"矩形选框工具"框选模特的腿部,如图 6-23 所示。

图 6-22　画布调整面板

图 6-23　框选腿部

(3)在选区中右击,在弹出的菜单中选择"变换选区"命令,其快捷键为 Ctrl+T,如图 6-24 所示。

(4)把鼠标光标放在下边框线上,向下拉长所选区域,即可实现把腿拉长的效果,如图 6-25 所示。

图 6-24　变换选区

图 6-25　拉长腿部

（5）最后裁切掉多余的画布即可，效果如图6-26所示。

图6-26　拉长腿前后的效果

2．瘦腰

瘦腰是通过滤镜中的液化功能实现的。

瘦腰的操作步骤如下。

（1）打开原图，如图6-27所示。

（2）选择"滤镜"→"液化"命令，进入"液化调节"面板，在面板的左上角选择"向前变形工具"，如图6-28所示。

（3）在面板的右上角区域调整画笔的大小，如图6-28所示。

图6-27　原图

图6-28　"液化变形"工具面板

（4）用"向前变形工具"在腰部挤压。但是在变形的过程中，把旁边的树也影响了，如图6-29所示，解决的方法是选中"高级模式"选项，利用"冻结画笔"工具把不该影响的区域进行冻结。红色区域为被冻结部分，如图6-30所示。瘦腰后的效果如图6-31所示，腰部被液化了，但是树并未受到影响。

图 6-29 变形效果

图 6-30 冻结区域

图 6-31 瘦腰后的效果

3．瘦脸

瘦脸是美化五官的一部分。五官的美化比较复杂，最好是要懂得五官骨骼以及肌肉的生理特性，并且有一定的美术功底，能够发现脸部五官的缺陷，然后用符合五官生理特性的修形方法来调整脸部的五官，这对于很多人来说都是一件比较难的事情，因此，在平时应该多观察人的五官，慢慢就具备了发现人的五官缺陷的眼光，这对后期处理人像有很大的帮助。

在处理和美化人的五官过程中，最主要的是瘦脸，时下比较受欢迎的脸形是"瓜子脸"，因此瘦脸的目标就定位在"瓜子脸"。要变为"瓜子脸"的方法有两个，一是把腮部挤小；二是把下巴拉长拉尖，效果如图 6-32 所示。

图 6-32 瘦脸效果图前后对比

瘦脸的具体操作方法和瘦腰一样，都是主要用"向前变形"工具，对腮部与下巴进行液化变形。

6.2.4 锐化

在"滤镜"菜单中，软件自带有"锐化"的滤镜，比较常用的是"USM 锐化"。但是滤镜中的锐化功能会对画质产生影响，破坏画面的质感。最佳的方法是通过"高反差保留滤镜"实现锐化，这样，能够使原图的画面质量最大限度地保留下来。

>>>>>>>>>

锐化的操作步骤如下。

（1）复制一个图层，快捷键为 Ctrl+J。

（2）选择"滤镜"→"其他"→"高反差保留"命令，半径的像素大概为 1.0 像素，如图 6-33 所示。

（3）设置图层混合模式为"柔光"模式，如图 6-34 所示。锐化后，图片清晰度提高了，画面的质感依然保留得比较完好，锐化前后的效果如图 6-35 所示。

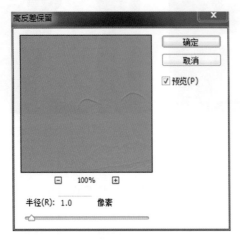

图 6-33　"高反差保留"面板

图 6-34　"图层"面板

图 6-35　锐化前后的效果

6.3　皮肤处理

皮肤处理主要包括两个方面：一是皮肤美白调色，二是磨皮。

磨皮的方法有很多，这里讲述两种磨皮方法，一种是利用模糊滤镜进行快速磨皮，另一种是利用中性灰的原理进行精修皮肤，以便把皮肤打造成细腻而且不缺失细节的广告级皮肤。

6.3.1　皮肤美白调色

有时候照片中人物的皮肤会出现蜡黄的颜色，如图 6-36 所示。在这种情况下，首先要做的是将皮肤的色彩进行调整。调整的方法有多种，调整曲线或者设置图层混合模式都

可以实现,这里利用一种比较典型的方法进行处理,这种方法是根据颜色的原理进行调整的,如图 6-37 所示。

图 6-36 皮肤校色前

图 6-37 皮肤校色后

皮肤色彩调整的原理是:皮肤中主要的色彩有红、橙、黄三种,色彩包括色相、饱和度、明亮度三个基本元素,从色彩的原理看,只要把这三种颜色的饱和度降低,同时把这三种颜色的明度加大,就可以实现皮肤色彩的校正。使用 Camera Raw 的"HSL/灰度"命令即可以实现。

🌀 皮肤调色的操作步骤如下。

(1) 打开 Camera Raw 滤镜,单击"HSL/灰度"命令,打开的面板如图 6-38 所示。

(2) 单击"饱和度"选项卡,把"红色"饱和度降低20,"橙色"饱和度降低50,"黄色"饱和度降低20,如图 6-39 所示。

(3) 单击"明亮度"选项卡,把"红色"明亮度增加20,"橙色"明亮度增加20,"黄色"明亮度增加20,如图 6-40 所示。最终效果如图 6-37 所示。

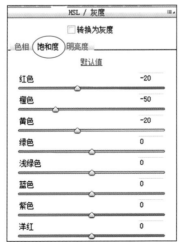
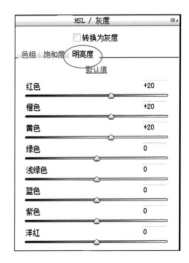

图 6-38 "HSL/灰度"面板　　　图 6-39 调整饱和度　　　图 6-40 调整明亮度

>>>>>>>>

6.3.2　快速磨皮

快速磨皮是利用模糊滤镜与蒙版实现磨皮效果。快速磨皮分为三个步骤,第一步是皮肤预处理,第二步是磨皮,第三步是追细节与锐化。

1．皮肤预处理

皮肤预处理主要是处理皮肤上较大的瑕疵,比如痘痘、雀斑等。

皮肤预处理的操作步骤如下。

(1) 复制一个图层,操作命令的快捷键是 Ctrl+J。

(2) 使用"污点修复画笔工具"或者"修补工具"对皮肤进行处理,如图 6-41 所示。

(3) 对较大的瑕疵进行修复。使用"污点修复画笔工具"时,用画笔在污点上单击,软件将会自动计算,把污点进行修复。而使用"修补工具"时,则先圈选污点,然后移动选区到另外一块皮肤上,如图 6-42 所示。

图 6-41　"污点修复画笔工具"面板

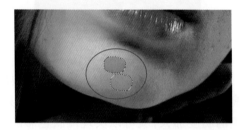

图 6-42　"修补工具"的使用方法

2．磨皮

完成皮肤上较大的瑕疵的处理之后,可以进行磨皮。

磨皮的操作步骤如下。

(1) 复制两层刚才完成预处理的图层,然后关闭最上面的第一个图层。选中"图层1",如图 6-43 所示。

(2) 选中"图层 1"之后,选择"滤镜"→"模糊"→"表面模糊"命令,打开"表面模糊"面板,调整模糊的半径值,把半径调到 20 像素,如图 6-44 所示,模糊之后的效果如图 6-45 所示,虽然皮肤出现了表面模糊的效果,但是头发眼睛也都有了模糊效果。而我们想要的只是皮肤模糊,其他部位不模糊。要实现这个效果,就要用到蒙版。

这一步需要注意:模糊的半径一般要大一些,模糊效果要强烈一些,不用担心效果太离谱,因为在第三个步骤中可以把细节追回来。但是如果模糊半径太小,并且效果不太明显,就会影响磨皮的最终效果。

(3) 单击"快速蒙版"按钮,在第二个图层中添加蒙版,并给蒙版填充黑色,如图 6-46 所示。黑色蒙版把模糊的效果隐藏,图片中模糊的效果就看不到了。

(4) 选用画笔工具,并把画笔颜色改为白色,在皮肤上涂抹。涂抹后的效果如图 6-47 所示。模糊的效果只在皮肤上呈现,头发、眼睛这些部分则不会受到影响。

这一步需要注意:有边缘的地方不能涂抹,比如手指边缘、嘴巴边缘、眼睛边缘等,有些地方可以降低画笔的透明度进行涂抹,效果会更加自然。

图 6-43 "图层"面板的设置

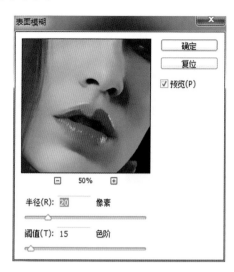

图 6-44 "表面模糊"面板

图 6-45 表面模糊后的效果

图 6-46 添加蒙版后的图层面板

图 6-47 磨皮后的效果

3. 追细节与锐化

在图 6-47 中可以看到,皮肤太过光滑,皮肤的细节全部被模糊,完全被丢失,为了让皮肤更有质感,则要对皮肤的细节进行加强处理,同时进行锐化。

追细节与锐化的操作步骤如下。

(1) 显示"图层 1 副本",并选中这个图层,如图 6-48 所示。

(2) 选择"滤镜"→"其他"→"高反差保留"命令,打开"高反差保留"面板,调整半径为 1.0 像素,如图 6-49 所示。

(3) 设置图层混合模式为"线性光",可以看到图片被锐化,而且皮肤上的细节也被追回一些,显得更有质感,如图 6-50 所示。如果觉得锐化和细节还不够,则对刚才这个图层进行复制即可。

追细节前后的效果如图 6-51 所示。

图 6-48　选中追细节图层　　　　图 6-49　"高反差保留"面板　　　　图 6-50　选择线性光

图 6-51　追细节前后的效果

6.3.3　皮肤精修

利用快速磨皮的方法,几分钟就可以完成脸部皮肤的处理,但是这种方法处理出来的皮肤缺失细节,皮肤的质感不能达到理想状态,特别是作为大幅广告使用时,皮肤的缺憾被放大,很难达到广告级别的要求。这就需要用到更加高级的皮肤处理办法。

广告级皮肤的处理方法也包括很多种,比如中性灰、双曲线、明度层等,叫法不同,原理却是一样的。这种皮肤处理的办法相当耗时,一张脸可能要耗掉半天甚至更长的时间,但最终的效果比较理想,真正体现出"慢工出细活"的道理。通过这种方法的处理,皮肤的细节基本都保留了下来,皮肤细腻有质感。下面以中性灰的方法作为案例,讲述广告级皮肤的处理方法和技巧。中性灰处理皮肤的方法分为三个阶段。

第一阶段:建立观察组,以更好地观察到皮肤的瑕疵。

第二阶段:建立中性灰图层,用于实际的操作。

第三阶段:利用中性灰图层进行磨皮。

<<<<<<<<<<

1．中性灰皮肤精修的步骤

🦢 中性灰广告级皮肤处理的操作步骤如下。

（1）复制背景层，并用"修补工具"把较大的瑕疵处理掉。不要用"污点修复画笔工具"，它会破坏皮肤的细节。

（2）新增"黑白"调整层，图片变成黑白色。去掉皮肤的颜色，皮肤的瑕疵更加清晰，如图 6-52 所示。

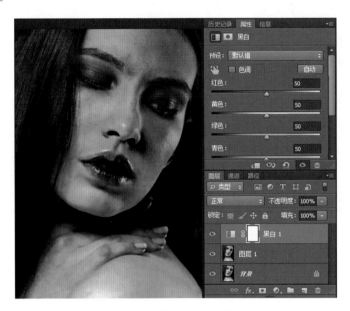

图 6-52 新增"黑白"调整层

（3）新增"亮度／对比度"调整层，把调整层中的对比度提高到 30。增加图片的对比度会使皮肤的瑕疵更加凸显，如图 6-53 所示。

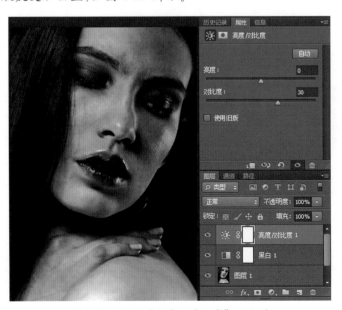

图 6-53 新增"亮度／对比度"调整层

>>>>>>>>>

(4) 新增"曲线"调整层,调整曲线,降低图片的亮度,提高图片的对比和反差,皮肤的瑕疵更加凸显,如图 6-54 所示。

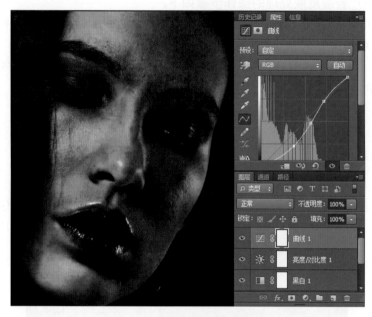

图 6-54　新增"曲线"调整层

(5) 选择前面新增的三个调整层,按快捷键 Ctrl+G 将图层打包成一个组,并命名为"观察组",如图 6-55 所示。观察组主要的作用是用来观察皮肤上的瑕疵,并不影响皮肤处理的效果,完成处理之后可以删掉。

图 6-55　建立观察组

（6）建立中性灰图层，选择"图层"→"新建"→"图层"命令，打开"新建图层"面板，名称改为"中性灰"，在模式中选择"柔光"，并选中"填充柔光中性色（50%灰）"选项，如图6-56所示。调整图层顺序，把中性灰图层移动到观察组下面，如图6-57所示。

图6-56 "新建图层"面板　　　　　　　　　图6-57 调整图层的顺序

（7）选择画笔工具，并把透明度和流量设置为10%～15%，切记不能使用太大的参数。然后放大图片，在中性灰的图层上涂抹，看到黑色的地方就用白色画笔涂抹，看到白色的地方就用黑色画笔涂抹。主要是针对皮肤上的瑕疵进行处理，如果瑕疵不明显，则调整曲线，让瑕疵显现出来，直到瑕疵被处理干净即可。这一步非常耗时，大概需要半天甚至一天的时间，需要有足够耐心。处理前后的效果如图6-58所示。

（8）整个脸部完成处理之后，皮肤效果平滑而不缺失细节。原图、效果图和细节图如图6-59所示。

图6-58 处理前后的效果

图6-59 原图、效果图和细节图

2．中性灰皮肤精修的原理

中性灰皮肤精修是通过提亮暗部、压暗亮部来实现的，因为皮肤中的瑕疵在观察层下呈现出不均匀的亮部和暗部，利用画笔工具把瑕疵中呈现的暗部提亮、亮部压暗，即实现了皮肤的美化。以皮肤中的痘痘为例，在观察层下，可以看到有明显的暗部和亮部，如图 6-60 所示。在中性灰图层中，用白色画笔把暗部提亮，用黑色画笔把亮部压暗，痘痘处的皮肤即变得平滑，痘痘就被处理掉了，如图 6-61 所示。

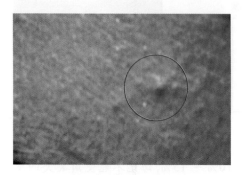

图 6-60　痘痘在观察层下

图 6-61　涂抹之后的效果

皮肤中的瑕疵与痘痘是一样的，在观察层下都会呈现出明显的暗部和亮部，只是皮肤中的瑕疵比痘痘更难发现，处理起来也相对复杂一些，要处理掉皮肤中的瑕疵，只要把瑕疵呈现出来的暗部和亮部通过涂抹变均匀，皮肤中的瑕疵就会被处理掉，即可呈现出平滑的皮肤。

6.4　调　　色

调色是摄影后期处理必备的技能，掌握良好的调色技巧，将图片的色彩处理成各种风格，让照片更有艺术表现力，也是很多学习摄影后期的人想达到的目标。然而，调色的技能需要通过实践的积累才能小有所成，只有通过大量的练习，慢慢总结经验，才能有所提高。学习调色需要相对长的时间，不可能一蹴而就，要有足够的耐心。

6.4.1　调色工具

1．曲线

曲线工具是非常基础的一个工具，但是有非常强的调色功能，在调色中常常用到。曲线包含了 R、G、B（红、绿、蓝）三个通道的曲线，如图 6-62 所示，在色彩调整中，可以分颜色通道进行调整，曲线工具的界面如图 6-63 所示。

2．色相／饱和度

色相／饱和度既可以改变图片全局的颜色，又可以选择单一的颜色进行改变。主要调整的内容是色相、饱和度、明度，即 HSL，如图 6-64 所示。此外，还可以根据不同的颜色通道进行调整。颜色通道包括红色、黄色、绿色、青色、蓝色、洋红，即 RGB 与 CMY，如图 6-65 所示。

图 6-62 "曲线"面板

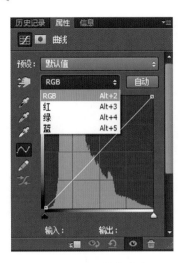

图 6-63 曲线的通道

图 6-64 "色相/饱和度"面板

图 6-65 色相/饱和度的通道

在这个工具中,可以通过色相的调整,实现春天变秋天的效果。调色的原理是:选中黄色(绿叶中含有大量黄色),把黄色的色调参数调成 −110 就可以实现。

🍂 色相/饱和度的操作步骤如下。

(1) 复制背景层,创建新的"色相/饱和度"调整层。

(2) 选择黄色通道,把色相值调到 −110,如图 6-66 所示。效果如图 6-67 所示。

3. 自然饱和度

"自然饱和度"面板包含了"自然饱和度"与"饱和度"两个选项,如图 6-68 所示。使用"自然饱和度"面板调整图像时,会自动保护图像中已饱和的部位,只对其做小部分的调整,着重调整不饱和的部位。如将饱和度调整到最高值时,人像皮肤颜色变得红润,但仍保持自然、真实的效果。饱和度却没有这样的功能,稍有不慎,颜色就会出现溢出现象,即颜色太浓。一般情况下,正常的色彩如图 6-69 所示,如果调整饱和度时参数调整过大,则会造成颜色溢出现象,如图 6-70 所示。

>>>>>>>>>>

图 6-66　调整黄色通道的色相

图 6-67　调色前后的效果

图 6-68　"自然饱和度"面板

图 6-69　原图

图 6-70　颜色溢出现象

4．可选颜色

可选颜色表示可以选取某种颜色进行调整,其他的颜色将不会受到任何影响,这是调色中常用到的一个工具。如图 6-71 所示,叶子的绿色不够浓,而果子的红色则刚刚好,如果只想调整绿色,不调整果实的红色,则可以用"可选颜色"工具,只调整与叶子有关的绿色和黄色,而红色不受任何影响,如图 6-72 所示。

可选颜色的操作步骤如下。

(1) 复制背景层,创建新的"可选颜色"调整层。

(2) 选择绿色通道,青色增加 54%,洋红减少值为 −100%,红色增加 100%,黑色增加 30%,如图 6-73 所示。

(3) 选择黄色通道,青色增加 15%,洋红减少值为 −36%,红色增加 29%,黑色不变,如图 6-74 所示。

图 6-71　原图

图 6-72　调色之后

图 6-73　绿色通道的调整

图 6-74　黄色通道的调整

5．渐变映射

渐变映射是一个很好用的调色工具，可以非常快速地实现想要的色调。所谓映射，就是把想要的颜色映射到图片上，从而改变图片的色调。而渐变映射就是用渐变的方式把赋予的颜色映射到图片上，通过渐变的形式使映射出来的色彩显得更加调和、自然。

在渐变映射中，可以自由地指定颜色进行映射，并通过设置图层混合模式得到更加自然的效果。如果效果太过强烈，可以调整图层的透明度来降低渐变映射的效果。

🐦 渐变映射的操作步骤如下。

（1）打开背景图层，如图 6-75 所示。

（2）复制背景层，创建新的"渐变映射"调整层，如图 6-76 所示。单击"渐变调色条"（图 6-76 红框处），弹出"渐变编辑器"对话框。

（3）在"渐变编辑器"对话框中选择颜色，如图 6-77 所示。然后单击"确定"按钮，则所选的颜色就映射到图片中，效果如图 6-78 所示。

>>>>>>>>>

图 6-75　原图

图 6-76　"渐变映射"面板

图 6-77　"渐变编辑器"对话框

图 6-78　渐变映射效果

（4）在图层混合选项中选择"柔光"，如图 6-79 所示。最终效果如图 6-80 所示。如果效果太过强烈，可以调整图层的透明度来降低渐变映射的效果。

图 6-79　设置图层混合模式

图 6-80　渐变映射的最终效果

6．匹配颜色

匹配颜色也是一种快速调色的方法，可以将一张图片的色调匹配到另外一张图片中，快速完成调色。但是颜色匹配的两张图要有一定的相似性才能完成完美的匹配，这个工具用得不是特别多。其操作方法是：在 PS 中分别打开两张图片，选择要变换色调的图片，在菜单中选择"图像"→"调整"→"匹配颜色"命令，在弹出的对话框中选择另一张图片作为匹配的源，如图 6-81 所示。之后单击"确定"按钮便完成了。

图 6-81 "匹配颜色"对话框

7．色彩平衡

色彩平衡是调色中经常用到的工具，在"色彩平衡"面板上呈现的是红、绿、蓝三原色以及它们对应的互补色，互补色之间有着"此消彼长"的密切关系，例如增加了红色就相对减少了青色，减少了洋红就相对增加了绿色，减少了黄色就相对增加了蓝色。色彩平衡正是利用这个原理设计的。对于偏色的图片，利用色彩平衡工具可取得比较明显的效果。

 色彩平衡的操作步骤如下。

（1）打开背景图层，如图 6-82 所示。

（2）复制背景层，创建新的"色彩平衡"调整层，调整阴影的参数如图 6-83 所示，调整中间调的参数如图 6-84 所示，调整高光的参数如图 6-85 所示。最终效果如图 6-86 所示。

8．Lab 模式 /CMYK 模式

在后期调色中，有些图片适合用 Lab 模式进行调整，可以从 RGB 模式转换成 Lab 模式。转换的方法是：打开图片后，选择"图像"→"模式"→"Lab 颜色"命令，完成颜色的调整之后，再通过同样的方法把图像的颜色模式转换回来。CMYK 模式的转换方法也是一样的。

图 6-82　原图

图 6-83　阴影参数

图 6-84　中间调参数

图 6-85　高光参数

图 6-86　色彩平衡后的最
终效果

6.4.2　调色原理

摄影后期调色最重要的是学会如何增加颜色与如何减少颜色,这正是摄影后期调色的核心原理,如图 6-87 所示。

1.互补色

在色相环中相对的两种颜色就是互补色,两种互补色会相互吸收对方的颜色,混合在一起就成了黑色。色相环如图 6-88 所示。

从色相环中可以看出,以下颜色互为互补色。

● 红色（R）与青色（C）。

● 绿色（G）与洋红（品色）（M）。

● 蓝色（B）与黄色（Y）。

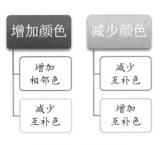

图 6-87 调色原理

图 6-88 色相环

2．相邻色

在色相环中左右两边相邻的颜色称为相邻色。两种相邻色混合在一起就成为自身的颜色。比如红色的相邻色是洋红和黄色,洋红加黄色就能得出红色。以下颜色为相邻色。

- 红色、洋红与黄色
- 绿色、黄色与青色
- 蓝色、青色与洋红
- 黄色、红色与绿色
- 青色、绿色与蓝色

3．调色的原理

先观察照片的色彩,确定照片中要增加的色彩和减少的色彩,再利用互补色与相邻色的原理调出想要的颜色。

(1) 调成偏红色。根据调色原理,要得到红色,则要减少红色和互补色青色,增加相邻色黄色和洋红。

🦢 调成偏红色的操作步骤如下。

(1) 打开背景图层,如图 6-89 所示。

图 6-89 原图

🔲➡️ 提示

在原图中主要是绿色和黄色,因此,先要选择绿色通道,减青色,加洋红和黄色;然后选择黄色通道,减青色,加洋红和黄色,即可以得到红色。

(2) 增加"可选颜色"调整层,选择绿色通道,在绿色通道中减少青色,增加洋红和黄色,参数如图 6-90 所示;在黄色通道中减少青色,增加洋红和黄色,参数如图 6-91 所示,最终效果如图 6-92 所示。

图 6-90　绿色通道参数

图 6-91　黄色通道参数

图 6-92　调成偏红色的最终效果

(2) 调成偏蓝色。根据调色原理,要得到蓝色,则要减少蓝色和互补色黄色,增加相邻色青色和洋红。

提示

先选择绿色通道,减黄色,加洋红和青色;然后选择黄色通道,减黄色,加洋红和青色,即可以得到蓝色。

调成偏蓝色的操作步骤如下。

增加"可选颜色"调整层,选择绿色通道,在绿色通道中减少黄色,增加洋红和青色,参数如图 6-93 所示;在黄色通道中减少黄色,增加洋红和青色,参数如图 6-94 所示,最终效果如图 6-95 所示。

图 6-93 绿色通道参数

图 6-94 黄色通道参数

图 6-95 调成偏蓝色的最终效果

（3）调成偏青色。根据调色原理，要得到青色，则要减少青色和互补色红色，但是在可选颜色中不能调整红色的参数，不能减少红色，而是要减少红色的相邻色洋红和黄色，同时增加青色。

提示

先选择绿色通道，减少洋红和黄色，加青色；然后选择黄色通道，减少洋红和黄色，加青色，即可以得到青色。

调成偏青色的操作步骤如下。

增加【可选颜色】调整层，选择绿色通道，在绿色通道中减少洋红和黄色，增加青色，参数如图 6-96 所示；在黄色通道中减少洋红和黄色，增加青色，参数如图 6-97 所示，最终效果如图 6-98 所示。

6.4.3 风光作品调色

风光摄影调色主要涉及几大块内容，调曝光、大景深主要运用在风光摄影中；要获得大景深，则对小景深的技巧进行反向操作即可。

>>>>>>>>>

图 6-96　绿色通道参数

图 6-97　黄色通道参数

图 6-98　调成偏青色的最终效果

1．调曝光

在拍摄的过程中，一般遵循"宁欠勿过"的曝光原则，即宁愿拍摄出来的照片是曝光不足，也不能曝光过度。因为风景的拍摄曝光往往都是不足的，所以在后期的时候常常需要进行曝光调整。

2．调高光与阴影

在风光摄影中，亮部与暗部的光比一般都比较大，往往是超出照相机的宽容度[①]，照相机很难同时正确还原亮部与暗部。因此，在后期处理时，常常要调整图片中的亮部区域与暗部区域，把图片的亮部调暗、暗部调亮，达到平衡。

3．调清晰度

风光摄影作品越清晰越好，但是照相机在锐度上的表现往往不尽如人意，所以后期制作时要提高图片的清晰度，但是不能调整过大；否则会造成图片反差太大，影响图片的美感。

---

① 宽容度——照相机能正确容纳的景物亮度反差的范围。

4．调饱和度

照相机对色彩的还原往往不尽如人意，特别是在饱和度上，而风光摄影在色彩的表现上一般都要求浓艳一些，这样色彩才更有艺术的表现力，因此常常需要调高饱和度。但是要适可而止，否则会造成色彩溢出。

下面以一张常见的风光摄影作品为例，按照上述的原理对照片进行调色。原图如图 6-99 所示，最终效果如图 6-100 所示。

图 6-99　风光摄影作品的原图　　　　图 6-100　调饱和度后的最终效果图

从原图到效果图，运用 Camera Raw 调整了曝光、感光与阴影，同时也调整了清晰度与饱和度，调整的参数如图 6-101 所示。

6.4.4　人像作品调色

人像摄影作品的调色比较复杂，涉及各种风格，如小清新、胶片、怀旧色、复古色等，但是无论哪种色调，基本的要求就是：皮肤和背景的色彩要通透。一张绿色背景的人像摄影作品主要可通过以下步骤达到通透的色彩，人像作品的原图如图 6-102 所示。

图 6-101　Camera Raw 的"基本"面板　　　　图 6-102　人像作品的原图

>>>>>>>>>>

调成通透色调的操作步骤如下。

(1) 打开 Camera Raw,在"基本"面板中调整参数,如图 6-103 所示,调整后的效果如图 6-104 所示。

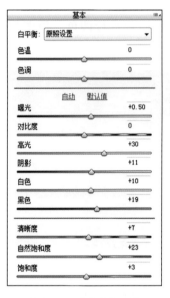

图 6-103　"基本"面板

图 6-104　调整基本参数后的效果

(2) 打开"HSL/ 灰度"面板,选择"色相"选项卡,调整黄色参数,如图 6-105 所示。因为树的颜色主要是黄色,因此调整黄色色相,将图片调成偏青色,调整后的效果如图 6-106 所示。

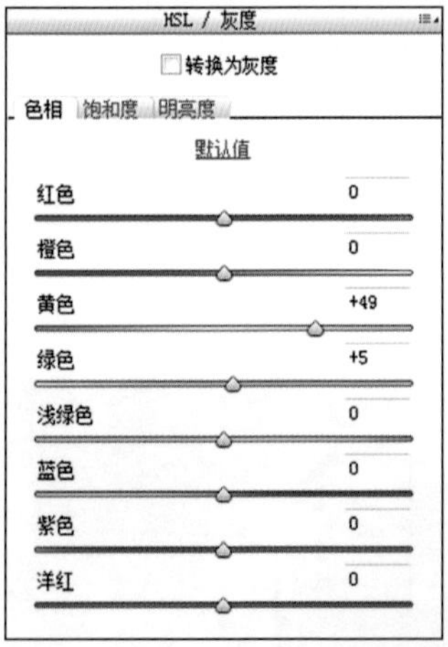

图 6-105　"色相"选项卡

图 6-106　调整黄色后的效果

(3) 在"HSL/ 灰度"面板中选择"饱和度"选项卡,调整参数如图 6-107 所示,降低橙色与黄色的饱和度,色彩更加清新通透。调整后的效果如图 6-108 所示。

(4) 在"HSL/ 灰度"面板中选择"明亮度"选项卡,调整参数如图 6-109 所示。调整后的效果如图 6-110 所示。

图 6-107 "饱和度"选项卡

图 6-108 调整饱和度后的效果

图 6-109 "明亮度"选项卡

图 6-110 调整明亮度后的效果

（5）在 PS 中打开图片，新增可选颜色调整层，选择白色通道，为皮肤调色，调整参数如图 6-111 所示，并进行皮肤处理、修型、锐化处理等，效果如图 6-112 所示。

图 6-111 调整可选颜色

图 6-112 经 PS 处理后得到的最终效果

6.4.5 花卉作品调色

花卉作品的调色主要以通透色调为主，下面以一张花卉作品为例，调出通透的色彩。作品的原图如图 6-113 所示。

（1）打开 Camera Raw，在"基本"面板中调整参数，如图 6-114 所示。增加曝光量，降低高光的亮度，同时提高清晰度与饱和度，调整后的效果如图 6-115 所示。

图 6-113　花卉原图　　　图 6-114　"基本"面板　　　图 6-115　调整基本参数后的效果

（2）打开"HSL/灰度"面板，选择"色相"选项卡，调整黄色参数，如图 6-116 所示，因为叶子的颜色主要是黄色，因此调整黄色色相，将图片调成偏青色，调整后的效果如图 6-117 所示。

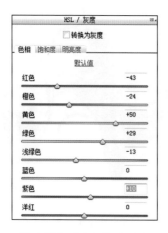 

图 6-116　"色相"选项卡　　　图 6-117　调整色相后的效果

（3）在"HSL/灰度"面板中选择"饱和度"选项卡，调整参数如图6-118所示，降低橙色与黄色的饱和度，色彩更加清新通透。调整后的效果如图6-119所示。

图6-118 "饱和度"选项卡　　　　　　图6-119 调整饱和度后的效果

（4）在"HSL/灰度"面板中选择"明亮度"选项卡，调整参数如图6-120所示。最终效果如图6-121所示。

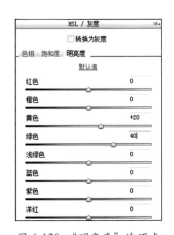

图6-120 "明亮度"选项卡　　　　　　图6-121 花卉调整后的最终效果

6.5　商品图片后期处理

商品的拍摄需要有专业的灯光和专业的摄影技巧才能把商品拍摄好，这是商品摄影的基础，如果要更充分地展示商品，还需要进行后期处理。

为了体现商品的商业价值，在后期处理上采取的手法往往是：在遵照事实的基础上，

通过后期处理技巧进行精修,让商品的材质更有质感,让图片更有表现力和说服力,从而达到商业广告的目的,如图 6-122 所示。

图 6-122　商品处理前后

商品的后期处理方法有两种:一种是普通的修图,主要处理商品拍摄时留下的瑕疵;另一种是精修,以商品图片为基础重新绘制。

6.5.1　简单修图

普通修图不做精修,耗时较少,效果没有精修好,但能在更大的程度上保证商品的真实性,如图 6-123 所示。

图 6-123　原图与效果图

普通修图主要是处理商品拍摄时留下的瑕疵,包括四个部分:基本处理、细节处理、光影处理、综合处理。

1．基本处理

图片的基本处理主要是针对单张图片,包括二次构图、去灰、修形、锐化以及调整商品图片的曝光和颜色。这些内容在 6.2 节已有详述。在商品图片的后期处理中,要引起高度重视的是锐化和调色。

锐化在商品图片处理中起着非常关键的作用,商品图片追求清晰,因此商品图片一定要做锐化。不过不要采用滤镜进行锐化,应尽量使用高反差保留的方法进行锐化。

商品追求的是真实,因此很少调色,但是为了图片色彩的纯简、通透,有时也会进行调色处理。调色的方法前面已经介绍过,在这里就不再赘述。需要注意的是调色的幅度不

能太大,要尽量使用可选颜色对某种颜色进行调整,手法要细腻,主要原理是:将图片中主要色彩的互补色减少,比如商品中的主要色彩是红色,则在可选颜色中选择红色通道,适当地减少红色通道下的青色,这样可以让色彩更加纯简、通透。

2. 细节处理

在拍摄中有很多不完美的地方,特别是在图片放大之后,就会发现商品表面有很多的瑕疵,包括产品的划痕、灰尘等,如图 6-124 所示,这些可以用修复画笔工具进行修复。

图 6-124 商品的表面瑕疵修复前后的效果

3. 光影处理

在商品拍摄的过程中很难顾及商品的光影细节,从而使亮部与暗部的细节不够突出,图片的层次感和立体感比较差。后期处理时,可在瓶身上添加光影,提升亮部区域,让亮部更加突出,使得商品图片更加有层次感和立体感,如图 6-125 所示。

图 6-125 给商品添加光影前后的效果

添加光影的方法是:用钢笔工具制作路径,然后转换成选区,适当羽化边缘,然后添加"曲线"调整层,通过该调整层来提高选区的亮度,形成反光的视觉效果。

4. 综合处理

综合处理主要是抠图、制作底部阴影、制作倒影。

(1)抠图。在 PS 软件中,主要是利用钢笔工具制作路径,再转化为选区,即可把商品抠出来。

(2)制作底部阴影。完成抠图之后,商品与背景之间感觉是分离的,如图 6-126 所示。增加底部的阴影,可以让产品与背景更加融合,如图 6-127 所示。

添加阴影的方法是:用椭圆工具绘制一个椭圆,并把椭圆形状压扁,然后在蒙版中调整羽化值。

(3)制作倒影。在商品的拍摄中偶尔会用到倒影,倒影可以进一步体现商品的质感,增加商品的立体感,在商品的后期修图中,常常利用倒影来增强产品的表现力,图片增加倒影前后的效果如图 6-128 和图 6-129 所示。

图 6-126　添加底部阴影前

图 6-127　添加底部阴影后

图 6-128　添加倒影前

图 6-129　添加倒影后

添加倒影的方法是：复制一个图层，然后做"自由变换"，再把图片进行"垂直翻转"，然后添加蒙版，调整画笔的透明度与流量，用黑色画笔在蒙版中擦拭。

6.5.2　商品图片精修

商品图片精修一般以商品原图为基础重新进行绘制。过程比较复杂，要根据不同的商品做出不同的处理。一般的流程要先分析商品的光影结构，然后再进行绘制。

下面以防晒霜商品为例，了解商品图片精修的方法和技巧。

🐟 商品图片精修的操作步骤如下。

（1）打开背景图层，再复制一个图层。

（2）抠出瓶盖。用钢笔工具选出瓶盖，并把钢笔路径转换为选区，快捷键为 Ctrl+Enter，如图 6-130 所示。新建一个空白图层，并填充与瓶身相近的颜色，如图 6-131 所示。

图 6-130　建立选区

图 6-131　填充颜色

<<<<<<<<<

（3）抠出瓶身。用钢笔工具选出瓶身部分，并把钢笔路径转换为选区，如图 6-132 所示。新建一个空白图层，并填充与瓶身相近的颜色，如图 6-133 所示。

图 6-132　为瓶身建立选区

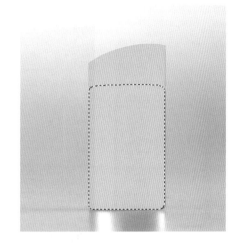

图 6-133　为瓶身填充颜色

（4）更换纯白背景。新建图层，填充白色作为产品的背景。

（5）制作瓶身光影。给瓶身添加"曲线"调整层，设置参数，创建剪贴蒙版，用渐变工具拉出瓶身的渐变效果，并配合选区工具与模糊滤镜添加更加逼真的光影效果，如图 6-134 所示。

（6）制作瓶底边缘阴影效果。用选区工具选择瓶底部分，如图 6-135 所示。添加"曲线"调整层，调整参数，再创建剪贴蒙版，效果如图 6-136 所示。

图 6-134　制作瓶身光影

图 6-135　选取瓶底

（7）给曲线图层增加"高斯模糊"滤镜，并用画笔在蒙版中涂抹，调整底部阴影的浓淡，达到最佳效果，如图 6-137 所示。

（8）复制瓶身的光影到瓶盖。把背景图层（原始背景、复制的背景、添加的纯白背景）隐藏，然后对刚才制作好的瓶身效果进行盖印，盖印图层的快捷键为 Ctrl+Shift+Alt+E。把盖印好的图层移动到最上面，创建剪贴蒙版，再往上移动图层，瓶身的光影出现在瓶盖

>>>>>>>>

上，如图 6-138 所示。最后显示纯白背景图层。

（9）制作瓶身与瓶盖的分界。利用选区工具做好选区，如图 6-139 所示。然后新建空白图层，创建剪贴蒙版，选择瓶身中比较暗的颜色填充到选区中，效果如图 6-140 所示。

图 6-136　压暗瓶底

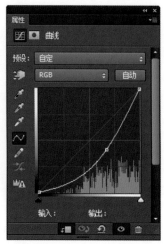

图 6-137　底部阴影效果

图 6-138　制作瓶盖效果

图 6-139　创建选区

图 6-140　制作分界线

（10）为图层添加"高斯模糊"滤镜，效果更加逼真，如图 6-141 所示。然后再添加图层蒙版，用画笔涂抹高光部位，让高光部位的分界线减淡，如图 6-142 所示。

（11）在原始图层用钢笔工具勾选出瓶子顶部的材质，复制出来放在图层的最顶层，并调整颜色，使其颜色更通透，如图 6-143 所示。

（12）瓶盖顶部层次较差，如图 6-144 所示。利用钢笔工具添加选区，并用曲线压按选区，使得瓶子顶部层次更加分明，如图 6-145 所示。用同样的方法制作一条亮边，如图 6-146 所示。

（13）瓶盖与瓶身之间的分界线缺少层次，用同样的方法制作一条亮边，如图 6-147 所示。

<<<<<<<<<<

图 6-141 添加高斯模糊

图 6-142 减淡高光部位的分界线

图 6-143 复制瓶子顶部材质

图 6-144 瓶盖顶部效果

图 6-145 增加黑线效果

图 6-146 增加白线效果

（14）最后把商品的Logo添加到商品上，即完成制作和处理，最终的效果如图6-148所示。此外，利用同样的方法设计不同的光影结构，色彩也设计得有所不同，则效果也会有所不同，如图6-149所示。

图 6-147 制作亮边

图 6-148 最终效果

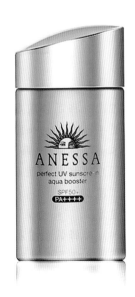

图 6-149 光影结构不同的效果

> > > > > > > > >

6.6　电商图片后期处理

在电子商务的交易中,主要是依靠图片进行产品的展示,图片在电子商务中起着举足轻重的作用。在电子商务蓬勃发展的今天,摄影师学会电子商务图片的拍摄以及后期处理是非常必要的。

本节内容主要包括处理单张图片、制作主图、设计详情图。

6.6.1　处理单张图片

处理单张图片主要包括的内容有二次构图、去灰、修形、锐化和调色等,这些内容在前面章节中已有详述。此外,在电商图片的处理中常常要对商品进行去皱处理,为了保留更多的产品细节,在去皱过程中一般不用盖印图章工具进行去皱,而是采用"高低频"方法进行去皱。

✎ 去皱处理的操作步骤如下。

(1) 打开图片,复制两个图层,分别命名为"高频"与"低频",如图 6-150 所示。

图 6-150　设置高频、低频图层

(2) 选择高频图层,选择"滤镜"→"模糊"→"高斯模糊"命令,在打开的对话框中设置半径为 1.0,如图 6-151 所示。半径的大小以产品细节的模糊程度为标准,裤子的细节基本被模糊即可,每次使用的参数是不一样的,要根据产品的特性进行确定。

(3) 选择低频图层,选择"图像"→"应用图像"命令,打开"应用图像"对话框,并在"图层"下拉列表框中选择"高频","混合"下拉列表框中选择"减去",将"缩放"选项设为 2,"补偿值"选项设为 128,如图 6-152 所示。

(4) 选择低频图层,把混合模式改为"线性光",如图 6-153 所示。

(5) 选择高频图层,选择混合画笔工具,将"混合"选项值设为 100%,"流量"选项值设为 100%,如果褶皱较小,则把参数降低。设置好参数之后在褶皱上进行涂抹,效果如图 6-154 所示,此时褶皱减少、减淡了,但是有些比较深的褶皱依然还未被处理干净。

<<<<<<<<<<

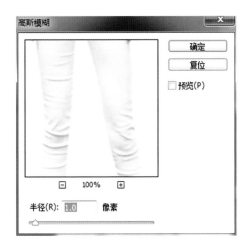

图 6-151　"高斯模糊"对话框

图 6-152　"应用图像"对话框

图 6-153　修改混合模式

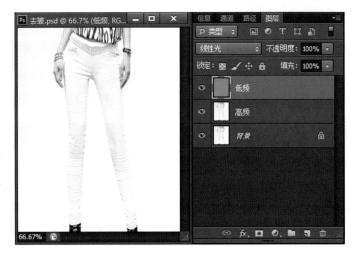

图 6-154　除皱效果

（6）对于比较深的褶皱，则选择低频图层，选择混合画笔工具在褶皱上进行涂抹，褶皱全部被处理干净。原图与最终效果图如图 6-155 所示。

图 6-155　原图与最终效果图

此外，电商图片处理的特点是：图片量大，同一件商品的图片相似度高，因此常常用到动作以及批量处理的功能。

🦅 批量处理的操作步骤如下。

（1）打开图片，在"窗口"菜单中选择"动作"命令，调出"动作"面板，如图 6-156 所示。单击"创建新动作"按钮，打开"新建动作"对话框，将动作命名为"制作方形图"，如图 6-157 所示。

图 6-156　"动作"面板　　　　　图 6-157　"新建动作"对话框

（2）"动作"面板中的"开始记录"按钮变成红色，如图 6-158 所示。现在开始制作方形图，软件自动把制作方形图的每一个步骤记录成动作，如图 6-159 所示。

图 6-158　"开始录制"按钮　　　　　图 6-159　记录动作

（3）制作完成后单击"录制"按钮左边的"停止记录"按钮，则完成了动作的记录。

（4）利用记录好的动作进行批量处理。选择"文件"→"自动"→"批量处理"命令，调出"批处理"对话框，如图 6-160 所示。

图 6-160　"批处理"对话框

（5）在"批处理"对话框中的"动作"中选择"制作方形图"，并在源文件夹中选择图片原理的存放位置，在目标文件夹中选择存储的目标位置，单击"确定"按钮，软件自动将文件夹中的所有图片转换成方形，原本为长方形的图片（见图 6-161）变成了方形（见图 6-162）。

图 6-161　长方形图片　　　　　　　　　　　　图 6-162　方形图片

>>>>>>>>

6.6.2　制作主图

所谓主图,就是打开商品的网页,在网页左上角起主要展示作用的图片,如图 6-163 和图 6-164 所示。在主图展示中有放大功能,把鼠标光标移动到图片上,图片的局部将进行放大展示。

图 6-163　主图 (1)　　　　　　　　　　　　　图 6-164　主图 (2)

一件商品在网页上展示的主图一般为 6 ~ 7 张,不同的电商平台有所不同,但是尺度基本都是相同的,主图的长宽一般都是 700 像素,如果低于 700 像素,则主图就没有放大功能。

在制作主图的过程中,首先要严格按照电商平台要求的尺寸进行制作;其次要重视文字的作用,用文字辅助图片展示产品,可起到画龙点睛的作用,从而吸引消费者。

　制作主图的操作步骤如下。

(1) 打开 PS 软件,新建一个 800 像素×800 像素的白色画布。

(2) 把处理好的商品图片拖动到新建的画布中,并调整大小。

(3) 保存图片。如果图片太大,则选择“存储为 Web 所用格式”,可以大大减小图片的尺寸大小。

6.6.3　设计详情图

详情图是指电子商务的商品网页中展示商品详细信息的图片,主要包括商品海报、商品参数、商品各个角度的展示、产品细节等,如图 6-165 所示。

详情图的宽度是 750 像素,而高度没有具体要求,可以根据实际需要而定。

　制作详情图的操作步骤如下。

(1) 打开 Photoshop 软件,新建一个宽度为 750 像素的白色画布,高度不限制。可以先设定为一个常用值,如果画布不够,则可以改变画布的尺寸;如果画布长度太长,则可以裁切。

(2) 把处理好的商品图片拖动到新建的画布中,并进行设计。

<<<<<<<<<<

（3）保存图片,如果图片太大,则选择"存储为 Web 所用格式",可以大大减小图片的尺寸大小。

图 6-165　详情图

6.7　练 习 题

1. 课堂实操题

（1）用摄影阶段练习拍摄的人像摄影作品,精修 1 张人像作品,包括基本处理、皮肤处理、磨皮、调色。

（2）用摄影阶段练习拍摄的商品摄影作品,精修 1 张商品图片。

>>>>>>>>>

2．项目实操题

（1）利用在外景拍摄的电商服装的图片制作主图 5 张、详情图 1 张。所用的图片都必须经过基本处理、皮肤处理、调色的综合处理。

（2）利用在摄影棚拍摄的电商服装的图片制作主图 5 张、详情图 1 张。所用的图片都必须经过基本处理、皮肤处理、调色的综合处理。

（3）利用在摄影棚拍摄的商品图片制作商品海报 1 张。

参 考 文 献

[1] 李涛. 数码摄影入门与进阶 [M]. 2 版. 北京：高等教育出版社，2017.

[2] 王晓军. 数码摄影实用教程 [M]. 北京：中国电力出版社，2015.

[3] 韩程伟. 广告摄影攻略 [M]. 杭州：浙江摄影出版社，2014.

[4] 周林娥. 商品拍摄与图片处理 [M]. 北京：机械工业出版社，2017.

[5] 张军. 室内人像摄影布光技巧 [J]. 山西财经大学学报，2006（1）.